Konrad von Megenberg
Buch der Natur

Ins Neuhochdeutsche übertragen
und eingeleitet von
Gerhard E. Sollbach

Insel Verlag

Die Holzschnittillustrationen im Text entstammen dem 1482 in Augsburg von Anton Sorg herausgebrachten Druck von Konrad von Megenbergs *Buch der Natur* und wurden dem Werk von Albert Schramm *Der Bilderschmuck der Frühdrucke* (Band 4. Leipzig 1921) entnommen. Der kolorierte Holzschnitt auf dem Umschlag wurde dem Exemplar des von Anton Sorg 1482 herausgebrachten Frühdrucks von Konrad von Megenbergs *Buch der Natur* in der Bayerischen Staatsbibliothek entnommen (Sign. 2° Inc. c. a. 1180)

Erste Auflage 1990

Druck: Nomos Verlagsgesellschaft, Baden-Baden
Printed in Germany

INHALT

EINLEITUNG

Naturkenntnis des Mittelalters

Die von Konrad von Megenberg in dem *Buch der Natur* vermittelten naturwissenschaftlichen Kenntnisse sind eigentümlich mittelalterlicher Art und unterscheiden sich als solche wesentlich von unseren modernen naturwissenschaftlichen Lehren. Der Grund hierfür ist hauptsächlich die völlig andersartige Fragehaltung des mittelalterlichen Gelehrten. Da das Ziel der mittelalterlichen Wissenschaft allgemein nicht die Erkenntnis der sinnlichen, sondern der übersinnlichen Welt war, bildete die gegenständliche Natur auch nicht das eigentliche Objekt naturwissenschaftlichen Studiums im Mittelalter. Wie für die christliche Weltanschauung insgesamt, so war auch für die Naturlehre des Mittelalters der biblische Schöpfungsmythos maßgebend. Danach existierte die Welt als das Werk Gottes, in dem sich die göttliche Ideenwelt verkörperte. Allerdings war das ursprünglich rein körperliche Abbild der Ideenwelt Gottes durch den Sündenfall des Menschen undeutlich geworden. Die Wahrnehmung dieser verwischten Spuren Gottes in der körperlichen Welt seitens des Menschen wurde zudem noch dadurch erschwert, daß auch die menschliche Erkenntnisfähigkeit durch den Sündenfall eine Trübung erlitten hatte. Doch mit Hilfe der in der Erlösung offenbarten Heilswahrheiten ließ sich Gott in der geschaffenen Natur wiederfinden. Infolgedessen waren die Heilswahrheiten der christlichen Lehre die unabdingbare Voraussetzung für die wissenschaftliche Naturerkenntnis wie für alle Erkenntnisse im Mittelalter überhaupt. Der mittelalterliche Naturwissenschaftler ging daher bei seiner Tätigkeit nicht von einer empirischen Erkenntnis der Natur aus und suchte nicht von der sinnlichen Erfahrung zu den übersinnlichen Ursachen der Dinge zu gelangen. Da er sich in dem gesicherten Besitz der letzteren wußte, verlief der Weg seines Denkens umgekehrt: von den – göttlichen – Gründen der Dinge zu ihrer realen und mit den körperlichen Sinnen wahrnehmbaren Existenz. Die Aufgabe der Naturwissenschaft bestand folglich nach den Worten von Vinzenz von Beauvais (um 1190 – um 1264), des Verfassers der umfangreichsten Enzyklopädie des Mittelalters (speculum maius), in der Erforschung der »unsichtbaren Ursachen der sinnlichen Dinge«. Auch die naturwissenschaftliche Erkenntnishaltung und das dadurch geschaffene – wissenschaftliche – Bild der Natur des Mittelalters waren somit letztlich religiös bestimmt. Die Erforschung der Dinge um ihrer selbst willen bzw. das Aufsuchen der ihnen innewohnenden, selbständigen Eigenschaften wurde von der das gesamte Geistesleben im Mittelalter beherrschenden Kirche entweder verboten oder doch zumindest für wertlos erachtet. Sinnvoll und damit auch überhaupt erst gerechtfertigt erschien dem Mittelalter eine wissenschaftliche Beschäftigung mit der organischen und anorganischen Natur nur insofern, als sie deren

Beziehungen zur übersinnlichen Welt aufzufinden suchte. So lehrt Thomas von Aquin (1225 oder 1226–1274), der bedeutendste Denker des Mittelalters und einer der einflußreichsten Vertreter der Hochscholastik, in seiner *Summa theologiae*, daß der Mensch in der Betrachtung der Schöpfung nicht eine »eitle und vergängliche Wißbegierde« befriedigen solle, sondern »eine Annäherung an die unsterblichen und dauernden Dinge« suchen müsse. Theoretisches Wissen an sich hatte für das Mittelalter keinen Zweck. Einen Zweck erhielt auch die Naturerkenntnis erst durch ihre Verbindung mit dem praktischen Nutzen der Heilserwerbung für den Menschen.

Nach der religiösen Metaphysik der Kirche war der Mensch der von Anbeginn beschlossene Endzweck der Schöpfung. Er bildete auch den Gegenstand des Wirkens Gottes in der Welt wie seines Gegenspielers, des Teufels, und der ihm folgenden Dämonen. Für den Menschen war auch Gottes Sohn zur Welt herabgestiegen, hatte Menschengestalt angenommen und auf Erden den Tod erlitten, um durch dieses Opfer die Menschheit von dem Fluch des Sündenfalls zu befreien und ihr den Erwerb des ewigen Seelenheils zu ermöglichen. Hieraus folgerte z.B. der Franziskaner Bonaventura (1221–1274) völlig logisch, daß die Existenz der Welt ohne den Menschen überhaupt nicht möglich sei, da sie ohne ihn überhaupt keinen Zweck haben würde. Die von Gott gewollte Zweckbestimmung des Men-

schen auf der Erde war das gestaltende Prinzip, mit dessen Hilfe sich das Mittelalter auch sein naturwissenschaftliches Weltbild aufbaute. Die Erkenntnis der Übereinstimmung zwischen dem theologischen Lehrgebäude der Kirche und der Gestaltung der Körperwelt bildete daher den eigentlichen Inhalt des mittelalterlichen Naturstudiums. Für den Menschen und um seinetwillen war die ganze sichtbare Körperwelt geschaffen worden. »All diese Welt«, so heißt es zu Beginn des *Schwabenspiegels*, des um 1275 aufgezeichneten großen süddeutschen Rechtsbuchs, »die Sonne und der Mond, die Sterne und die vier Elemente: Feuer, Wasser, Luft und Erde, die Vögel in den Lüften, die Fische in den Gewässern, die Tiere im Wald, das Gewürm in der Erde, Gold und Edelsteine, der süße Duft der edlen Kräuter, die leuchtenden Farben der Blumen, die Früchte der Bäume und alle Kreatur: das hast du Herr zum Nutzen und zum Dienst der Menschen geschaffen durch deine Liebe und Güte, die du gegenüber dem Menschen hattest.« Denselben Gedanken bringt der aus Spanien gebürtige Philosoph und Apologet des Christentums, Raimund von Sabunde, in seinem 1434–1436 entstandenen Werk *Natürliche Theologie* (Theologia naturalis bzw. Liber creaturarum) zum Ausdruck, wenn er schreibt: »Alle Dinge der Welt sind für den Menschen geschaffen und arbeiten Tag und Nacht für den Menschen und dienen ihm beständig.«
Auf dem Glaubenssatz, daß die Natur um des

Menschen willen geschaffen sei, gründete sich aber auch die typisch mittelalterliche Vorstellung von der Natur als Zeichensprache Gottes. »Die sichtbare Welt«, so lehrt der große mittelalterliche Philosoph, Theologe und Naturforscher Albert Magnus (1193 oder 1206/1207–1280) in seiner *Summa de mirabili scientia dei* (*Summa theologiae*), »ist des Menschen wegen geschaffen, damit der Mensch durch die Betrachtung derselben zur Erkenntnis Gottes gelange.« Ähnlich folgert Thomas von Aquin daraus, daß der Anfang der Dinge außerhalb der Welt, nämlich in Gott liege, daß auch der Endzweck der Dinge außerhalb ihrer selbst liegen müsse. Die Natur führt somit über sich selbst bzw. über die physische Welt hinaus zur metaphysischen. Anders als die moderne Naturwissenschaft, die in der sichtbaren Natur das Wirken unveränderlicher Naturgesetze sieht und erforscht, erkannte und suchte die mittelalterliche (Natur-)Wissenschaft in der Naturwelt die geheimnisvolle Wundermacht des Göttlichen. So verkündete der große deutsche Volksprediger des 13. Jahrhunderts, Bertold von Regensburg, seinen Zuhörern: »Ihr könnt durch die Betrachtung der Erde und der Bäume und des Korns und der Blumen und des Grases Wissen erlangen. So tat es der gute Sankt Bernhard: *Ich suche den Lieblichen (= Gott) in allen Kreaturen.* Ebenso könnten alle Kreaturen sprechen, wenn sie sprechen könnten: *Unsere vielen verschiedenartigen Wesen haben wir nicht durch uns selbst, wir haben sie*

von demjenigen, nach dem deine Seele verlangt. Ebenso suche ich den Lieblichen in allen Kreaturen und in aller Saiten Klang.« In jeder Erscheinung der belebten wie unbelebten Natur nahm der ernsthafte mittelalterliche Betrachter einen von Gott in zeichenhafter Form mitgeteilten, nicht mehr mit den körperlichen Sinnen, wohl aber mit der Vernunft des Menschen erfaßbaren religiösen Sinn wahr. Da aber die mittelalterlichen Gläubigen zudem in der festen Gewißheit lebten, daß der höchste, absolute Wert Gott bzw. das jenseitige Leben sei, konnte der Inhalt und Zweck des von Gott symbolhaft verborgenen »höheren« Sinns nur das Verhältnis des Menschen zu Gott bzw. das menschliche Seelenheil betreffen. So wird von dem heiligen Martin berichtet, daß er, als er am Ufer der Loire eine Schar von Wasservögeln erblickte, die Jagd auf Fische machten, zu seinen Begleitern sagte: »Seht da das Bild des Teufels; seht wie er den Unvorsichtigen Schlingen legt, wie er sie verschlingt und doch nie gesättigt wird.«
Die als symbolhaft-allgemeine göttliche Offenbarung aufgefaßte Natur war für das Mittelalter das große Bilderbuch zu den Heilswahrheiten. Sinn und Ziel aller ernsthaften und insbesondere wissenschaftlichen Naturbetrachtung konnte daher nur sein, den Menschen durch die Beobachtung der körperlichen Naturerscheinungen über diese hinaus zur Erkenntnis und Gewinnung seines jenseitigen Heils zu bringen. Diese didaktisch-religiöse Funktion der mittelalter-

lichen Naturerkenntnis, nämlich die Liebe des Menschen zu Gott und das ewige Seelenheil des Menschen zu fördern, rechtfertigte für das Mittelalter überhaupt erst die ernsthafte Beschäftigung mit der sichtbaren Körperwelt.
Da die mittelalterliche Wissenschaft die Naturwelt symbolhaft-religiös verstand, sah sie auch die einzelnen Naturerscheinungen als Material für religiöse Allegorien und moralische Belehrungen an. Diese religiösen Allegorien und moralischen Belehrungen, die dem heutigen Leser vielfach als recht gezwungen und aufgepfropft sowie – vom heutigen (natur-)wissenschaftlichen Blickwinkel aus – geradezu als unwissenschaftlich erscheinen mögen, waren aber das, was man im Mittelalter von einer wissenschaftlichen Abhandlung über die Natur erwartete. Sie ergaben sich zwangsläufig aus der eigentümlichen Aufgabenstellung der mittelalterlichen Naturwissenschaft, die in den Erscheinungen der Körperwelt verborgene, spirituelle Bedeutungen zu ergründen und zu vermitteln suchte. Letztere galt für das Mittelalter aber auch als die eigentliche Wirklichkeit der Dinge.
So sah man in jedem Tier, jeder Pflanze, jedem Stein usw. eine besondere Tugend oder ein bestimmtes Laster des Menschen versinnbildlicht sowie himmlische und höllische Kräfte symbolisiert. Die wissenschaftliche wie die theologische Literatur und auch die Malerei und Bildhauerei des Mittelalters enthalten einen unerschöpflichen Reichtum an solchen symbolischen und

allegorischen Naturbeziehungen. Derartige Natursymbolik betrachtete das Mittelalter aber nicht als eine willkürliche, subjektive Vorstellung des Menschen, sondern sie galt als der von dem Schöpfer gewollte, objektive Zweck der Dinge. Da nichts in der Natur von Gott ohne Plan und Absicht geschaffen worden war, hatten in diesem Schöpfungsbild aber auch die »Monstrositäten«, wie speziell die »monströsen« Menschenrassen, ihren festen Platz und Sinn. Dies zeigt schon der von den mittelalterlichen Autoren verwandte lateinische Ausdruck »monstrum« (eigentlich »monestrum«, von »monere« erinnern, belehren, mahnen) an: auch sie waren Zeichen Gottes. Allerdings gehen die Meinungen der mittelalterlichen Gelehrten darüber auseinander, was konkret die einzelnen »monströsen« Menschenrassen anzeigen sollten.
Besonders reichen Stoff fand die metaphysische, allegorisierende und religiös-moralisch belehrende Naturlehre des Mittelalters in der Tierwelt. Hier wie auch in anderen Gegenstandsbereichen der Naturwissenschaft wurde das empirische, aber auch das phantastische Material häufig den Schriften antiker, insbesondere griechischer Autoren, entnommen und im christlichen Sinn umgedeutet. Dieser Vorgang der Allegorisierung der Tierwelt setzte bereits in der alten Kirche ein und wurde im Verlauf des Mittelalters immer weiter ausgebaut. Ebenso bot die Pflanzenwelt der religiösen Symbolik des Mittelalters vielfache Anknüpfungspunkte. Mit be-

sonderer Liebe wurde aber auch die religiöse Bedeutung der Edelsteine behandelt. In den zwölf Steinen: Jaspis, Saphir, Chalzedon, Smaragd, Sardonyx, Sardion, Chrysolith, Beryll, Topas, Chysopras, Hyazinth und Amethyst, mit denen nach der Offenbarung des Johannes (Kapitel 21, Vers 19–20) die Grundmauern des himmlischen Jerusalem geschmückt sind, hatte diese Symbolik ihre biblische Grundlage. Die verschiedenen Bedeutungen der Steine wurden aus ihren Farben hergeleitet. So bezeichnete beispielsweise Papst Innozenz III., als er 1198 König Richard I. (Löwenherz) von England vier goldene, mit je einem Edelstein besetzte Ringe übersandte, in einem Begleitschreiben den Smaragd wegen seines grünen Farbenglanzes als das Sinnbild des Glaubens, den hellen Saphir als das der Hoffnung, den rotfunkelnden Granat als das der Liebe und den leuchtenden Topas als das der christlichen Werktätigkeit.
Daß diese Natursymbolik für den mittelalterlichen Menschen nicht ein willkürliches Spiel der Phantasie, sondern die objektive, »wirkliche« Beschaffenheit der Dinge darstellte, bezeugt auch der praktische Nutzen, den man aus ihr folgerte. Dieser bestand bei den Edelsteinen unter anderem auch in heilkräftigen Wirkungen. Ihre Erkenntnis wurde jedoch nicht etwa aus einer chemisch-stofflichen Analyse der Edelsteine, sondern aus ihrer symbolischen Bedeutung gewonnen. Die Leiden, die mit Hilfe der Edelsteine geheilt werden konnten, waren aber

nicht nur körperlicher, sondern auch seelischer Natur. Die körperliche und seelische Heilwirkung der Edelsteine behandelt auch Albertus Magnus in seiner Abhandlung über die Mineralien ausführlich, wobei er sich zugleich entschieden gegen die hieran geäußerten Zweifel wendet.

Die Naturlehre des Mittelalters stellt sich, an modernen empirisch-naturwissenschaftlichen Maßstäben gemessen, somit als eine Mischung von exakter Naturbeschreibung und nur geglaubter Wirklichkeit bzw. purer Phantasie, von Empirie und Magie dar. Der Grund hierfür ist jedoch nicht etwa eine sich infolge von Unkenntnis frei bewegende Phantasie oder eine unterentwickelte Fähigkeit des mittelalterlichen Menschen, die Wirklichkeit wahrzunehmen. Letzteres widerlegen eindeutig die zum Teil sehr genauen realistischen Beschreibungen der einzelnen Naturerscheinungen in den naturwissenschaftlichen Werken mittelalterlicher Autoren, wie z.B. auch in dem *Buch der Natur* von Konrad von Megenberg. Das von der mittelalterlichen Wissenschaft vermittelte eigentümliche, »phantastische« Bild der Natur liegt vielmehr in der Glaubenslehre der Kirche und konkret in der Annahme begründet, daß die Natur der Körperwelt mit deren eigentlichem Zweck, nämlich der jenseitigen Bestimmung des Menschen zu dienen, in einem direkten Zusammenhang stehen müsse. Hieraus ergab sich auch ein nicht primär auf die sichtbare, sondern auf die übersinn-

liche religiöse »Wirklichkeit« der Dinge gerichtetes Forschungsinteresse der mittelalterlichen Naturwissenschaft.
Diese religiös begründete und motivierte Naturerkenntnis sprach jedoch nur die offizielle Anschauung der mittelalterlichen Kirche und der unter ihrem Machteinfluß stehenden gebildeten – und das hieß zumeist geistlichen – Kreise aus. Sie stellte die ideale Norm des Mittelalters für die Erkenntnis der Natur und des persönlichen Verhältnisses des Menschen zu ihr dar. Doch in der täglichen Praxis war die tatsächliche Naturerfahrung und Naturerkenntnis weit von diesem Ideal entfernt. Die menschliche Sinnlichkeit erwies sich im Alltag auch auf diesem Gebiet stärker als die Logik der religiösen Metaphysik.
Aber auch die mittelalterliche Wissenschaft selbst war hier nicht völlig konsequent. Sie betrachtete nämlich die Natur sehr wohl auch unter anderen Gesichtspunkten als denen des ewigen Seelenheils. Hierzu zählt insbesondere der Aspekt des leiblichen Wohls des Menschen, speziell die praktische Heilkunde. Da die körperlichen Leiden, vor allem die alltäglichen der Menschen, trotz aller Reliquien und Wunderheilungen fortdauerten, sah sich auch die mittelalterliche (Natur-)Wissenschaft zur Anwendung natürlicher Heilmittel gedrängt. Klöster, denen die Krankenpflege als eine religiöse Pflicht oblag, waren daher im Mittelalter auch Pflegestätten medizinischer Lehre und Praxis,

wo man sich nicht nur auf die heilende Wirkung geistiger und geistlicher Mittel, sondern auch auf die von Heilpflanzen verstand. So sah z.B. der 820 entworfene Bauplan für das Kloster St. Gallen auch einen Garten für Heilkräuter vor. Diese praktische Heilkunde stützte sich eben nicht oder doch nicht vorrangig auf die religiöse Natursymbolik. Das bezeugt z.B. auch das naturwissenschaftliche Werk der hochgebildeten Äbtissin Hildegard von Bingen. In ihrer um 1150 verfaßten *Physica* hat sie unter anderem eine Liste von Rezepten für alle möglichen Krankheitsfälle zusammengestellt. Aber auch der Abschnitt über die Pflanzen in Konrad von Megenbergs *Buch der Natur*, in dem ansonsten überall die übersinnliche, symbolische Bedeutung der Natur aufgezeigt wird, ist von dieser realistisch-praktischen Sichtweise der Natur beherrscht.

Die konkrete Nutzanwendung der Pflanzen vor allem als Heilmittel hat, wie weiter unten erwähnt wird, Konrad von Megenberg auch veranlaßt, gerade dieses Kapitel gegenüber seiner Vorlage erheblich auszuweiten.

Erste deutsche Naturgeschichte

Das *Buch der Natur*, dem die vorliegende Auswahl entnommen wurde, entstand zwischen 1347 und 1350. Dieses Werk ist nicht nur die erste Naturgeschichte in deutscher Sprache, sondern

auch das einflußreichste naturkundliche Lehrbuch des Mittelalters im gesamten deutschsprachigen Raum gewesen.
Ihr Verfasser, der Regensburger Kanoniker Konrad von Megenberg, wurde um das Jahr 1309 sehr wahrscheinlich in dem Ort Mäbenberg (heute Teil der Gemeinde Georgensgemünd im Regierungsbezirk Mittelfranken) geboren. Nach dem Besuch der Lateinschule in Erfurt ging er 1334 an die Pariser Universität, wo er den Magistergrad erwarb und öffentliche Vorlesungen über Philosophie und Theologie hielt. Nach seinem Weggang aus Paris zu Beginn des Jahres 1342 leitete er einige Jahre die bedeutende Schule an St. Stephan in Wien. 1348 gelang es ihm schließlich, ein Kanonikat am Regensburger Dom zu erhalten, um das er sich schon seit 1343 bemüht hatte. In Regensburg ist Konrad von Megenberg dann von 1348 bis zu seinem Tod im Jahre 1374 geblieben. Nur zweimal hat er diese Stadt, und zwar jedes Mal in amtlichem Auftrag, für längere Zeit verlassen. Diese Missionen bezeugen zugleich das große öffentliche Ansehen, das Konrad von Megenberg genoß. Im Jahre 1357 sandte ihn der Rat der Stadt Regensburg als seinen Bevollmächtigten an die – zu dieser Zeit in Avignon residierende – päpstliche Kurie, um einen wegen einer strittigen Abtwahl in dem Kloster St. Emmeram zwischen dem Regensburger Rat und dem Heiligen Stuhl entstandenen Streit beizulegen. Im Winter 1361 reiste Konrad von Megenberg, nunmehr in allerhöchstem kaiser-

lichen Auftrag, in einer allerdings nicht überlieferten Angelegenheit ein zweites Mal zum Papst nach Avignon. Tatsächlich hat Konrad von Megenberg, der zu den fruchtbarsten Schriftstellern seiner Zeit gehörte, allgemein einen sehr regen und aktiven Anteil an den zeitgenössischen großen geistigen, kirchlichen und politischen Auseinandersetzungen genommen. Rund 30 bekannte, teilweise sehr umfangreiche Werke sind von ihm überliefert. Mit zwei Ausnahmen hat er alle diese Schriften in Latein, der universellen Gelehrtensprache des Mittelalters, verfaßt. Die beiden – in deutscher Sprache geschriebenen – Werke sind die *Deutsche Sphära* und das *Buch der Natur*. Bei der *Deutschen Sphära* handelt es sich um eine Übersetzung des um die Mitte des 13. Jahrhunderts von Johannes a Sacro Bosco geschriebenen und sehr verbreiteten Lehrbuchs der Astronomie *Tractatus de sphaera*. Auch das *Buch der Natur* ist kein originäres Werk von Konrad von Megenberg, sondern ebenfalls die deutsche Übersetzung einer lateinischen Vorlage. In diesem Fall handelt es sich um die von Thomas von Cantimpré, einem Schüler des Albertus Magnus, zwischen 1230 und 1244 verfaßte Naturgeschichte *Liber de natura rerum*. Allerdings ist es zutreffender, hier von einer deutschen Bearbeitung zu sprechen, denn Konrad von Megenberg begnügte sich nicht mit einer bloßen Übersetzung des Werks von Thomas von Cantimpré, sondern hat es äußerlich wie auch inhaltlich umgestaltet. So nahm er z.B.

eine neue, logischere Einteilung des Inhalts in einzelne Bücher und Abschnitte vor. Sein *Buch der Natur* ist dementsprechend in acht »Stücke« gegliedert worden: das erste handelt von dem Menschen und seinem Körper; das zweite vom Himmel, den Gestirnen und kosmischen Naturerscheinungen; das dritte von den Tieren, unterteilt in Vierfüßler, Vögel, Meeresungeheuer, Fische, Schlangen und Insekten; das vierte befaßt sich mit den Bäumen, das fünfte mit den Pflanzen und Kräutern; das sechste mit den Edelsteinen; das siebte mit den Metallen und das achte mit den Wunderbrunnen und wunderlichen Menschen. Darüber hinaus sind auch in den einzelnen Kapiteln Umstellungen erfolgt. Neben diesen äußerlichen Veränderungen hat Konrad von Megenberg durch Auslassungen und Ergänzungen auch eine inhaltliche Umformung der lateinischen Vorlage durchgeführt, wenn auch hier nicht immer mit letzter Sicherheit geurteilt werden kann, da Konrad von Megenberg offensichtlich mehrere (bearbeitete) Handschriften von dem Werk des Thomas von Cantimpré benutzt hat. Trotzdem läßt sich feststellen, daß Konrad von Megenberg recht wenige eigene Kürzungen angebracht hat. Erheblich umfangreicher sind demgegenüber seine Ergänzungen, obwohl manches, was die ältere Forschung hier Konrad von Megenberg zugeschrieben hat, gar nicht auf ihn, sondern auf den Redaktor bzw. die Redaktoren der von ihm benutzten Handschrift bzw. Handschriften seiner Vorlage zurückgeht.

Diese manchmal recht beträchtlichen Ergänzungen sind teilweise eigene Beobachtungen, teils dem volkstümlichen Wissen, größtenteils aber, wie es auch Thomas von Cantimpré selbst getan hatte, den Schriften antiker und christlicher Autoren entnommen. Zu den immer wieder genannten Autoren bzw. »Autoritäten« gehören Aristoteles, dessen (natur-)wissenschaftliche Werke durch die im 12. Jahrhundert erfolgten Übersetzungen ins Lateinische im Abendland allgemein bekannt geworden waren, Gaius Secundus Plinius d.Ä. (23 oder 24–79 n.Chr.), Verfasser der – als einzige seiner Schriften erhaltenen – großen *Naturgeschichte* (Naturalis historia), Gaius Julius Solinus, genannt Polyhistor, von dem im 3. und 4. Jahrhundert ein enzyklopädisches Werk (Collectanea rerum memorabilium = *Sammlung von Denkwürdigkeiten*) des geographischen Wissens mit zusätzlichen Informationen über Menschen, fremde Völker, Tiere und Bäume zusammengestellt wurde, Isidor von Sevilla (um 560 bis 636), der bedeutendste Enzyklopädist des Mittelalters, von dem neben einer Kompilation *Über die Natur* (De natura rerum) vor allem die gewaltige und das klassisch-antike Wissen seiner Zeit zusammenfassende Sammelschrift *Etymologien* in 20 Büchern (Originum seu etymologiarum libri XX) stammt, sowie Jakob (Jacobus) von Vitry (um 1170–1240), ein kurz vor seinem Tod zum lateinischen Patriarchen von Jerusalem gewählter Kreuzzugsprediger und Seelsorger in Frankreich, der auch Verfasser einer Reihe von Predigtschriften und Geschichtswerken ist.

Die meisten eigenen Ergänzungen nahm Konrad von Megenberg jedoch in dem Stück von dem Kosmos und in den Abschnitten über die Bäume und die Pflanzen vor. Die zahlreichsten Erweiterungen weist dabei jedoch der Abschnitt über die Pflanzen auf: hier vermehrte Konrad von Megenberg die Anzahl gegenüber den im Werk von Thomas von Cantimpré vorgefundenen Objekten sogar ganz erheblich. Der Grund ist in diesem Fall zweifellos, wie erwähnt, ein rein praktisches Bedürfnis gewesen, nämlich die auch im Mittelalter übliche Verwendung der Kräuter für Heilzwecke. Wie sehr verbreitet diese war und welche große Bedeutung man ihr zumaß, bezeugt nicht zuletzt die beachtliche Zahl der erhaltenen (Heil-)Kräuterbücher aus dem Mittelalter und der frühen Neuzeit. Mit Blick auf die medizinische Nutzanwendung hat Konrad von Megenberg offensichtlich auch die Edelsteine so ausführlich behandelt. Dies geschah ganz eindeutig im Hinblick auf die nicht nur in der Wissenschaft, sondern vor allem auch im Volksglauben der damaligen Zeit verbreitete Überzeugung, daß den Edelsteinen heilende und sonstige Kräfte innewohnen.

Konrad von Megenberg war aber nicht nur ein für seine Zeit hochgebildeter Mann, sondern auch ein durchaus eigenständiger und kritischer Geist, der seinen Quellen, selbst wenn es sich um die großen Autoritäten bzw. »alten Meister«

handelte, nicht in jedem Fall uneingeschränkt Glauben schenkte. Das bezeugen seine wiederholten einschränkenden Bemerkungen in dem *Buch der Natur*. So fügt er der referierten, sich auf Plinius und Jakob von Vitry stützenden Feststellung, der Luchs habe so scharfe Augen, daß er durch dicke Wände sehen könne, die kurze und bündige Äußerung an: »Das glaube ich nicht«. Andere ihm unglaubwürdig erscheinende Aussagen kommentiert er mit einem »Das habe ich nicht gesehen« oder »Das weiß ich nicht« oder »Das sagen diejenigen, die es erforscht haben«. Dieses Verhalten entspricht auch seiner im *Buch der Natur* verfolgten Absicht, dem »Volk« die – entsprechend dem damaligen Stand der Wissenschaft – gesicherten wissenschaftlichen bzw. »wahren« Kenntnisse über die Natur zu vermitteln, um so die im Volk herrschende Unkenntnis bzw. den Aberglauben bezüglich der Natur und ihrer Erscheinungen – die Lügen und volkstümlichen Märchen, wie sie Konrad von Megenberg an einer Stelle nennt – auszurotten. Doch andererseits ist für Konrad von Megenberg, wie das *Buch der Natur* ebenfalls bezeugt, der Einfluß der Gestirne auf das irdische Schicksal und das Vorhandensein von magischen bzw. heilwirkenden Kräften in den Edelsteinen eine ebenso wissenschaftliche und feststehende Tatsache wie die Existenz von Meerungeheuern und Wundermenschen, und er ereifert sich sogar gegenüber denjenigen, die hieran Zweifel äußern. Konrad von Megenberg erweist sich somit als ein großer Wissenschaftler und Denker auf der Höhe eben doch nur seiner Zeit.

Sein großes Verdienst ist es aber gewesen, daß er durch die Abfassung des deutschen *Buchs der Natur* erstmals breiten, nicht wissenschaftlich, und das hieß im Mittelalter lateinisch gebildeten Laienkreisen im deutschsprachigen Raum das naturkundliche Wissen der Zeit zugänglich gemacht hat. Anders als die *Deutsche Sphära*, die sich nie gegen ihre lateinische Vorlage durchsetzen konnte, war dem *Buch der Natur* zudem ein gewaltiger und fast zwei Jahrhunderte andauernder Erfolg beschieden. Das Erscheinen dieser Naturlehre entsprach vor allem einem dringend empfundenen (Bildungs-)Bedürfnis der aufstrebenden bürgerlichen Schichten in den Städten jener Epoche. Das gesamte späte Mittelalter über und bis in die Neuzeit hinein zählte Konrad von Megenbergs *Buch der Natur* zu den verbreitetsten und meistgelesenen deutschen Büchern. Seine große und anhaltende Beliebtheit beweist auch die Tatsache, daß es sehr früh schon von den nach rein wirtschaftlichen bzw. Absatzgesichtspunkten arbeitenden Buchdruckern herausgebracht und immer wieder neu aufgelegt wurde. Der älteste erhaltene Druck stammt aus dem Jahre 1475, und bis zum Ende des Jahrhunderts wurde das Werk mindestens noch weitere sechsmal aufgelegt; der letzte Druck kam 1540 in Frankfurt heraus. Erst das Aufkommen der modernen Naturwissenschaften im 16. Jahrhundert ließ schließlich Konrad von Megenbergs *Buch der Natur* obsolet werden.

Zu dieser Ausgabe: Die Texte im Kapitel »Landtiere« erschienen 1989 in *Das Tierbuch des Konrad von Megenberg* im Harenberg-Verlag, Dortmund.

DAS BUCH DER NATUR

Landtiere

Von dem Esel

ASINUS auf Latein heißt zu deutsch ein Esel. Das Tier weiß nichts von Streit und Kampf, denn es ist gar friedlich: Unter harten Schlägen ist es sanftmütig und freundlich. Es trägt gar schwere Lasten. Das sind die guten Eigenschaften, die der Esel hat. Aber seine Laster sind, daß er unkeusch ist. Er ist hinten stärker als vorne. Er hat einen trägen Gang und wenig Verstand: er weicht niemandem aus, der ihm entgegenkommt. Die jungen Esel bieten in ihrer Jugend einen recht schönen und angenehmen Anblick, und je älter sie werden, desto weniger erfreulich sehen sie aus. Plinius sagt, daß die Milch der Eselin sehr weiß ist und auch den Menschen hilft, weiß zu werden, und davon liest man, daß die Frau des Kaisers Nero sich in Eselsmilch badete. Eselsfleisch erzeugt sehr schlechtes Blut in dem, der es ißt, und läßt sich nicht gut im Magen kochen;[1] es ist jedoch besser als Pferdefleisch.

[1] läßt sich nicht gut im Magen kochen – Die im Mittelalter gültige, auf den aus Pergamon stammenden römischen Arzt Galen (130-um 200 n. Chr.) zurückgehende Lehre versteht bzw. erklärt den physiologischen Vorgang des Verdauens als ein (Zer-)Kochen der Nahrung im Magen mit Hilfe der dort vorhandenen natürlichen Hitze. Bei diesem Vorgang werden nach der Galenschen Theorie die vier in allen Körpern vorhandenen Elemente: Erde, Wasser, Feuer und Luft in die vier Körpersäfte: schwarze Galle, Schleim, rote Galle und Blut umgewandelt. Diese vier Körpersäfte ernähren dann den Leib bzw. die einzelnen Körperorgane

Eselsmilch, die noch warm ist, kräftigt die Zähne und lindert ihre Schmerzen, vor allem, wenn man sie damit einreibt. Sie hilft auch gegen Herzasthma.
Der Esel ist von sehr kalter Natur. Aristoteles sagt auch, daß die Esel die Kälte mehr fürchten als andere Tiere, deshalb paaren sie sich nicht in der Zeit der Tag- und Nachtgleiche wie Pferde, sondern sie paaren sich im Sommer, damit sie in warmer Jahreszeit gebären. Die Eselinnen tragen ihr Junges ein ganzes Jahr aus. Plinius sagt, daß die Knochen der Esel weißer sind als andere Knochen. Die Eselin bringt selten zwei Junge zur Welt, und wenn ihre Zeit zum Gebären kommt, so flieht sie das Licht und sucht die Finsternis, damit sie von den Menschen nicht gesehen wird. Deshalb sagt die Heilige Schrift: Deine linke Hand soll nicht wissen, was deine rechte Hand tut. Die Eselin gebärt, solange sie lebt, das ist bis zu dreißig Jahren; so soll auch der Mensch fruchtbar sein mit guten Werken bis an sein Ende. Deshalb sagt die Heilige Schrift: Wer verharrt bis an sein Ende, der wird errettet. Einige Esel trinken nur vertrautes Brunnen- und ganz gutes Wasser. Deshalb sagt die Heilige Schrift in dem zweiten Buch der Weissagungen des Jeremias: Was jetzt, Mensch, welche Kraft hast du auf dem Weg nach Ägypten, daß du trübes Wasser trinkst? (das ist das weltliche Wissen, das trüb und finster ist). Und was ist dir an dem Weg der Leute, die Assyrer heißen, daß du fließendes Wasser trinkst? (das ist die lebendige, göttliche

Weisheit). Wenn ein Esel über eine Brücke gehen soll und sieht dann das Wasser durch die Brücke, so geht er nicht leicht hinüber. Ich sage auch, daß der Esel vorne, wo er schwach ist, ein Kreuz auf dem Rücken trägt und hinten, wo er die Nieren trägt, da ist er stark. Ebenso verhalten wir leichtlebigen Geistlichen uns: Wo wir das Kreuz tragen sollten mit Fasten und mit Beten und mit allem göttlichen Dienst, da sind wir leider schwach; aber wo wir Unkeuschheit und Ausschweifung tragen, da sind wir stark.

Von dem Alches

ALCHES ist ein Tier, das, wie Plinius und Solinus sagen, rückwärts geht, wenn es seine Weide an den Pflanzen sucht. Das bedeutet die Menschen, die das unten an den Füßen anfangen, was sie an dem Haupt beginnen sollten, wie einige, die eher nachsinnen und jubilieren und frohlocken wollen in der göttlichen Güte, als daß sie über ihre Sünden weinen, und wie die Schüler, die früher Meister als Schüler sein wollen.

Von dem Bomachen

BOMACHUS ist ein Tier, das, wie Plinius sagt, einen Kopf wie ein Ochse und den Körper und die Unterschenkel wie ein Pferd hat. Es hat auch Hörner mit soviel einwärts gedrehten Krümmungen, daß es die anderen Tiere nicht verletzt, auf die es mit den Hörnern einstößt. Das Tier hat die Eigenart, daß es, wenn man es jagt, seinen weichen Kot aus dem Körper ein Ackerjoch[2] weit nach dem Jäger wirft, und wen der Geruch des Kots trifft, den brennt er. Mit dieser Waffe verjagt es seine Feinde. Das Tier bedeutet die guten Kirchenführer, die über andere gesetzt sind, die durch ihr beständiges beharrliches Leben ihre Hörner nach innen gekrümmt haben. Wenn sie mit diesen ihre Untertanen stoßen, so verletzen sie die nicht, denn sie beweisen das mit den Taten, was sie ihre Untertanen mit den Worten lehren.

Von dem Kamel

Der große Lehrer Basilius sagt von dem Kamel, daß es Böses sehr lange nicht vergißt und schwer und lange zürnt; und wenn man es schlägt, so vergilt es das lange nicht, sondern wartet, bis es einen passenden Ort und eine geeignete Zeit findet, dann rächt es sich unverzüglich. Es schlingt die Gerste sehr schnell herunter und behält sie deshalb bei sich, weil es sie in der Nacht durch Wiederkäuen noch einmal verzehrt. Einige sagen auch, daß es die gute Eigenschaft hat, daß, wenn in einer ganzen Herde oder in dem Stall ein Kamel ist, das krank ist und das nicht frißt,

2 (Acker-)Joch – ein altes Feldmaß

auch die anderen nicht fressen, gerade als ob sie mit ihm litten.
Wenn seine Brunstzeit ist, daß es sich paaren will, so sucht es einen verborgenen Ort auf, damit es die Menschen nicht sehen, denn es begattet sich von hinten, und das Weibchen empfindet dabei eine so große Wonne, daß es vor Lust grunzt. Plinius sagt, daß das getrocknete Hirn des Kamels, mit Essig getrunken, von der Fallsucht (Epilepsie) heilt. Solinus sagt, daß die Kamele sich keine unzumutbar schwere Last aufladen lassen. Meister Michael von Schottland sagt, daß das junge Kamel sofort nach der Geburt auf der Weide zu grasen beginnt. Aristoteles berichtet, daß ein Mann die Mutter eines jungen Kamels mit einem Mantel zudeckte, so daß das Junge sie begattete und nicht wußte, daß es seine Mutter war. Bevor es jedoch seinen Paarungsakt vollbracht hatte, bemerkte es die Wahrheit und ließ davon ab und tötete den Mann, denn es liegt in seiner Natur, daß es nicht Unkeuschheit mit seiner Mutter treibt.

Von dem Cathapleben

CATHAPLEBA ist ein Tier, das an dem Wasser lebt, das Nil heißt, im Land Ägypten; so sagen die Meister Plinius und Solinus. Sein Blick ist so giftig, daß derjenige, der ihm in die Augen sieht, sofort stirbt. Darunter verstehen wir die unzüchtigen Blicke, die manchen Menschen in der Seele töten. Die Augen sind der heimliche Dieb der Seele.

Von dem Dromedar

DROMEDARIUS ist ein Tier, das von der Art oder Gestalt des Kamels ist. So sagt Rabanus. Jedoch ist es viel kleiner und schneller als ein Kamel. Daher heißt es auf griechisch *dromedarius*, daß heißt zu deutsch ein Läufer, denn es läuft in einem Tag mehr als hundert Meilen. Das Tier ist ein Wiederkäuer.

Von dem Elefanten

ELPHAS heißt ein Elefant. Das Tier hat die Eigenschaft, daß es völlig zahm und sanft wird, und es gibt kein wildes Tier, das so völlig zahm wird und den Menschen so gehorcht, wie es dieses Tier tut. Es hat auch ein gutes Gedächtnis, und deshalb lernt es leicht und wird zu allem benutzbar, für das man es braucht. Aristoteles sagt, daß viele Tiere ein gutes Gedächtnis haben für alles, was sie hören oder sehen. Das ist wahr von dem Gedächtnis der nicht vernunftbegabten Seele, die da die vernunftlose Bildnerin oder Vorstellungskraft und auf Latein *aestimativa* heißt. Aber sie haben kein vernunftbegabtes Gedächtnis, denn das hat nur der Mensch. Wenn man die Elefanten jagt, so werfen sie sich auf die harte Erde oder auf Steine und brechen so ihre Stoßzähne ab, damit man sie nicht wegen des Elfenbeins töte, denn das Elfenbein der Elefanten ist sehr kostbar und heißt auf Latein *ebur*. Der Elefant kann nur unterhalb des Nabels verwundet werden. Sie richten sich in etwa nach dem Lauf der Gestirne, denn so wie der Mond zunimmt, begeben sie sich gehörig in das Wasser; und wenn sie dann naß geworden sind, gehen sie der aufgehenden Sonne entgegen und springen so viel sie nur können, und das tun sie oft.

Der Elefant wird durch Schmerz und Strafe gezähmt. Wenn die Elefanten durch ein Wasser waten wollen, so schicken sie die kleinsten vor, und zwar deshalb, damit die großen den Grund nicht tiefer treten und die Gewässer vertiefen. Sie kämpfen dauernd mit den Drachen. Plinius sagt, daß sich die Elefanten nur an versteckten Plätzen paaren. So sehr schämen sie sich nämlich der Handlung, daß sie, wenn sie sich gepaart haben, nicht wieder zur Herde zurückkommen, bevor sie sich nicht im Wasser gewaschen haben.

Sie kämpfen nicht um ihre Weibchen, denn sie brechen die Ehe nicht. Wenn die Mutter gebären soll, so geht sie in ein tiefes Wasser, und zwar deshalb, damit das Neugeborene nicht auf die Erde fällt, denn dann könnte es vielleicht nicht mehr hochkommen. Wenn die Mutter von der Geburt genesen ist, so ruht sie drei Jahre, das heißt, sie gebärt nicht. Und wenn sie trächtig geworden ist, so rührt sie das Männchen nicht an, und das Weibchen trägt die Leibesfrucht zwei

Jahre. Solinus sagt, die Elefanten paaren sich in zwei Jahren nur an zwei Tagen und nicht mehr.

Sie fürchten die Mäuse und flüchten vor ihnen, denn ihr Geruch schmerzt sie. Sie sind sehr hart auf dem Rücken, aber am Unterleib sind sie weicher. Andere Tiere flüchten vor ihrem Dunst, der aus dem Eingeweide der Elefanten und aus ihrer Haut kommt. Sie leben von Natur dreihundert Jahre. Sie mögen die Kälte nicht. Jacobus sagt, daß das Elfenbein sehr kalt und weiß ist. Das kann man daran feststellen, daß, wenn man Elfenbein in ein Tuch einhüllt und es auf glühende Kohlen legt, das Tuch nicht verbrennt und das Feuer von der innewohnenden Kälte des Elfenbeins erlischt. Solinus sagt, die Elefanten tun solange niemandem etwas zuleide, bis sie verwundet oder vom Flüchten erschöpft sind, nur dann werden sie sich wehren. Und wenn Fliegen auf ihrem Rücken sitzen, so ziehen sie ihre Haut in Falten und quetschen die Fliegen zu Tode, denn sie haben keine Schwänze am Hinterteil, womit sie sich wehren könnten. Wisse, daß die innere Beschaffenheit des Elefanten ganz anders ist als die aller anderen irdischen Tiere; Aristoteles sagt jedoch, daß die innere Beschaffenheit der Elefanten wie die der Schweine sei. Wenn dem so ist, dann ist er inwendig auch wie ein Mensch geschaffen. Verbranntes Elfenbein vertreibt die Schlangen und das Gift. Einige sagen, daß den Elefanten, wenn er gereizt wird, so daß er den Mut bekommt, andere Tiere oder den

Menschen anzugreifen, all sein Mut verläßt, wenn man ihm dann rotes Wasser oder roten Wein zeigt und ein grunzendes Schwein vor ihn stellt. Einige sagen auch, daß der Elefant in der Jugend seine Knie beugen kann, aber im Alter nicht, wenn sie steif werden. So sollen auch die jungen Geistlichen und Mönche sich zu harter Arbeit biegen, denn das Alter hat nicht die Kraft dazu. Die jungen Elefanten haben die Eigenart, daß sie den Alten,[3] wenn er hinfällt, wieder mit ihrem Rüssel aufheben, der auf Latein *promuscides* und zu deutsch Schlauch oder Rüssel heißt. Wenn sie ihn nun aufgehoben haben, so schmerzen ihnen die Glieder; dagegen hilft ihnen, daß sie kaltes Wasser trinken und mit Honig benetztes Gras fressen. Der Elefant wächst vierzig Jahre; danach empfindet er Frost und Winter und kalten Wind. Das kannst du selbst auf die jungen gelehrten Leute beziehen. Nun beachte eine Tugend des Elefanten: Wenn man ihn zähmt, so schlägt man ihn sehr, und wer ihn dann von den Schlägen erlöst, dem ist er für immer gehorsam. Die Drachen stellen ihm stets nach, wenn sie sich satt getrunken haben. Genauso tut es der Teufel mit dem Menschen.

[3] den Alten – Gemeint ist wohl das Leittier der Herde

Von dem Pferd

EQUUS auf Latein heißt ein Pferd. Ein Pferd, das schnell und brauchbar ist, das taucht mit seinen Nasenlöchern tiefer in das Wasser ein, wenn es trinkt. Isidorus sagt, daß die Zähne eines Tieres weiß werden, wenn es alt wird, und deshalb erkennt man sein Alter an den Zähnen. Von allen Tieren erkennt man beim Pferd seine Eigenschaften an den Ohren, denn schnelle Pferde haben kurze Ohren, die trägen Pferde aber haben lange Ohren. Von allen Tieren haben die Pferde und die Rinder und die Hirsche aus Knorpeln gebildete Knochen in ihrem Herzen. Der Grund dafür ist die Größe, nämlich daß ihr Herz auf diese Weise besser seine Gestalt behält, genauso wie die Knorpel in anderen Gliedern die Stütze sind. Jedoch besitzt nur der Knochen des Hirschherzens Heilkraft, so daß er eine Arznei ist . . . Die Stuten oder die Pferdemütter haben die Eigenschaft und das Mitgefühl, daß, wenn eine stirbt, die anderen das Junge der Toten säugen. Die Pferde lieben sich untereinander sehr, mehr als die anderen Tiere. Alexander sagt, daß die rassigen Pferde den Tod ihrer Herren mit ihren großen Tränen verkünden. Wisse auch, daß unter allen Tieren allein das Pferd Tränen vergießen kann, mit Ausnahme des Menschen; und es trauert so sehr über den Tod seines Herrn, daß einige nicht mehr fressen wollen und verhungern. Aristoteles sagt, daß der Mensch und das Pferd eine stärkere Neigung zur geschlechtlichen Liebe haben als irgendein anderes Tier. Es war einmal ein König, der hatte eine herrliche Stute und davon auch ein Fohlen. Nun wollte er, daß das Füllen die Mutter trächtig machte, und verband der Mutter die Augen. Da begattete das Füllen seine Mutter. Da das geschah und das Füllen bemerkte, daß es seine Mutter war, da floh es und stürzte sich selbst in den Tod. Michael von Schottland sagt, daß einmal ein Pferd seine Mutter begattete. Da das geschah, da zerschlug es selbst sein Geschlechtsteil und tötete sich. Aristoteles sagt, daß aus dem Pferdehaar, das aus dem Schwanz des Pferdes ausgerissen ist, im Wasser innerhalb weniger Tage ein Wurm wird.

Von dem Falen

FALENA ist ein Tier, das in fernen Ländern geboren wird. Das hat Gott als eine Strafe für hoffärtige Leute geschaffen, denn das Tier verabscheut und haßt von Natur aus die Hoffärtigkeit der Menschen. Wenn es mit dem hoffärtigen Menschen kämpft, so kämpft es ohne aufzuhören; und wenn es gesiegt hat, so zerreißt es den Hoffärtigen und Unbarmherzigen. Sieht es aber Menschen auf sich zukommen, die demütig sind, und erkennt es ihre Demütigkeit daran, daß sie flüchten oder ängstlich sind, so bleibt es oft still stehen und läßt die Menschen vorbeigehen.

Von dem Grabtier oder der Hyäne

(H)IENA kann man auf deutsch ein Grabtier nennen, denn das Tier wohnt, wie sowohl Plinius als auch Solinus sagen, in den Gräbern verstorbener Menschen und hat die Eigenschaften eines Mannes und einer Frau. Das hat ein so festes Rückgrat und einen so starren Hals, daß es seinen Kopf nicht drehen kann, es sei denn, es wendet sich insgesamt. Wenn die Jagdhunde seinen Schatten berühren, verlieren sie ihre Stimme und laufen fortan, ohne einen Laut von sich zu geben. Es verändert seine Farbe, wenn es will. Es geht in den Fußstapfen eines jeden Tieres, das es fangen will. Es trägt einen Edelstein in seinen Augen; aber andere Gelehrte sagen, es trage ihn auf der Stirn. Es ist so groß wie ein Wolf und hat am Hals hartes Haar wie ein Pferd und hat einen sehr harten Rücken, wie Plinius sagt. Aristoteles und Jacobus sagen, daß es in die Pferdeställe geht und die Namen und die Stimme der Menschen lernt, und zwar zu dem Zweck, den Menschen durch regelrechte Täuschung bei seinem Namen zu sich zu rufen und ihn dann zu töten. Es tut auch manchmal wie ein Mensch, der sich unter Husten und Schluchzen übergeben muß, bis es die Hunde zu sich gelockt hat; dann frißt es die.

Von dem Wolf

LUPUS heißt ein Wolf und ist ein falsches Tier und ein regelrechter Räuber. Die Wölfe zerreißen die Netze der Fischer am Meer, wenn die Fischer sie zum Trocknen aufstellen, es sei denn, sie lassen an der Stelle Fische für die Wölfe zurück. Der Wolf nimmt sehr starke Weidenzweige in sein Maul und verbirgt sich so lange darunter, bis die Ziegen darüber laufen: dann fängt er sie. Wenn er über Laub geht, dann macht er seine Pfoten mit der Zunge naß, damit er kein Geräusch macht und damit ihn die Hunde nicht hören. Wenn der Wolf in den Schafstall geht, so hat er nicht mit einem Schaf genug, daß er das töte, um den Hunger zu stillen, sondern er erwürgt sie alle und zieht sie auf einen Haufen.

Das Haar des Wolfes ist manchmal voller kriechender Würmer. Aristoteles sagt, daß Wolfsblut und auch der Kot des Wolfes gut gegen den Schmerz im Leib sind, den man die Gebärmutter nennt und der auf Latein *colica* heißt. Der Wolf sieht bei Tage schlecht, aber nachts sieht er sehr gut. Plinius sagt, daß der Wolf, wenn er sich vor dem Menschen sicher weiß, seine Ungestümigkeit ablegt und nicht schnell rennt, sondern gemächlich über das Feld trabt. Ambrosius sagt, wenn dich der Wolf eher sieht als du ihn, so nimmt er dir die Stimme; und wenn du stumm geworden bist, dann öffne deine Kleidung, damit sich deine Stimme wieder löst. Wenn dich der Wolf angreifen will, dann wehre dich mit

Steinen, denn vor denen flieht er. Wenn er dich verfolgt, so gehe rücklings, so daß er dich ansieht; und lege ein Zeichen zwischen ihn und dich, sei es ein Stein oder ein Stück Holz oder was es sei, so glaubt er, du hättest eine Falle für ihn aufgestellt, und kommt nicht näher. Kein Tier, das Fleisch frißt, kann Pflanzen fressen, ohne Schmerzen zu bekommen oder krank zu werden, außer dem Menschen und den Bären. Wenn der Wolf einmal Menschenfleisch geschmeckt hat, bekommt er Lust auf mehr, denn Menschenfleisch ist angenehmer und lieblicher zu essen als irgendein anderes Fleisch; deshalb wagt er dann sein Leben, um dem Menschen nachzustellen. Die Wölfe haben die Eigenart, daß sie das Feuer fürchten. Dieselbe Arznei, die gegen den Biß der tollwütigen Hunde gut ist, ist auch gegen den Biß des Wolfes gut, denn von dem Wolf geht dasselbe Gift wie von den tollwütigen Hunden aus. Wenn der Wolf über einen Zaun steigt oder daran entlang geht und er den Schafen heimlich auflauert, wenn dann einer seiner Füße ein Geräusch macht oder am Zaun kratzt, dann beißt er sich in den Fuß, als ob der Fuß daran schuld sei. Das Hirn des Wolfes nimmt zu und ab entsprechend dem Mond, wie das bei allen Tieren ist, doch ist das bei dem Wolf und den Hunden besonders stark. Wenn man zu Pulver verbranntes Wolfsherz den fallenden Leuten zu trinken gibt, die an Epilepsie leiden, so hilft es ihnen, vorausgesetzt, daß der Kranke danach keinen Geschlechtsverkehr hat. Wenn man das Herz trocknet und bei sich behält, dann wird es sehr wohlriechend, so sagen diejenigen, die es geprüft haben.

Von der Maus

MUS heißt eine Maus. Den Geruch der Maus mag der Elefant nicht, wie wir oben von dem Elefanten gesagt haben. Aristoteles sagt, wenn eine Maus Wasser trinkt, so stirbt sie, denn sie ist von sehr feuchter Natur. Mäusekot entspannt den Leib gar sehr, deshalb trinken ihn die Wüstlinge mit Wein und Wasser als Arznei. Plinius sagt, daß keine Maus im Land Libyen trinkt, und das mag vielleicht bei allen Mäusen so sein. Wenn die Maus viel Käse an einem Ort findet, so probiert sie von allem, und der, der ihr am besten schmeckt, den frißt sie. Die Mäuse lärmen, wenn Vollmond ist; in der Zeit dazwischen sind sie stumm. Die Tierchen sind schädlich, wenn sie in der Paarungszeit sind, denn wo ihr Harn den Menschen trifft, da fault er. Die Leber der Maus wächst bei Vollmond, genauso wie einige Meertiere entsprechend der Mondphase wachsen oder abnehmen, wie wir bei den Meerschnecken in den Muscheln sehen. Nun könnte man fragen, ob das Hermelin auch eine Maus ist. Darauf antworte ich, daß es ein Wiesel ist, und vielleicht ist es das Wiesel, das Isidorus *ictide* nennt. Ebenso sagen auch einige Leute, daß die Wiesel ihre rote Farbe in weiße Farbe verändern; dann, wenn sie sehr alt werden, werden sie ganz weiß. Einige sagen, die Wiesel würden nach neun Jahren weiß. Jedoch bringt das Hermelin weiße Junge zur Welt.

Von dem Wundertier

ONOCENTAURUS ist, wie Isidorus sagt, ein Wundertier, denn es hat einen Kopf wie ein Esel und einen Leib wie ein Mensch; und Hieronymus berichtet, daß der heilige Antonius eines von ihnen in der Wüste gesehen hat. Die anderen sagen, daß es zur Häfte, nämlich oberhalb des Nabels, ein Mensch ist, und zur anderen Hälfte, nämlich unterhalb des Nabels, ein Esel.

Von dem Schaf

OVIS ist ein Schaf. Um festzustellen, welche Schafe den Winter überleben können, sprengen die Hirten ihnen allen eiskaltes Wasser auf die Schwänze. Dasjenige Schaf, das dann das Wasser kräftig von sich abschüttelt, das ist stark; dasjenige aber, das dies nicht tut, das ist schwach. Das Schaf hat weniger Verstand als irgendein anderes Tier. Das kranke Schaf macht die anderen leicht ebenfalls krank, deshalb muß man es von ihnen absondern. Es ist die Eigenart des Widders, daß er die Äcker meidet und abseits vom Weg die Anhöhen hinaufläuft. Seine Wildheit wird dadurch bezähmt, daß man ihm die Hörner versengt. Der Donner bewirkt, daß einsame Schafe verwerfen; das kann man verhindern, indem man die Schafe unter einem Dach zusammenbringt. Die Schafe werden durch vieles Wassertrinken fett und besonders von trübem Wasser am Nachmittag. Deshalb tun die Hirten viel Salz in ihr Futter, damit sie kräftig trinken und viel Milch erzeugen. Isidorus sagt, daß der Widder einen Wurm in seinem Kopf hat. Wenn ihn nämlich der Wurm quält, stößt er sich deshalb mit einem anderen Widder. Er liegt das eine halbe Jahr auf der einen Seite und das andere halbe Jahr auf der anderen Seite. Die Schafe sterben sehr schnell, wenn sie im Mai oder später den Himmelstau fressen, wenn er auf das Gras fällt, und wenn sie sich im August an den Kornähren überfressen. Genauso geschieht es mit den Menschen, die den süßen Freuden dieser Welt nachlaufen: die sterben durch den ewigen Tod. Davon sagt Boethius in dem Trost der Weisheit:[4] Zwei Behältnisse liegen an dem Weg des Jupiter, das heißt an der Straße Gottes, eines ist voll Wermut (das ist ein bitteres Kraut) und eines voll süßen Honigs. Daher sollen wir in der Gemeinschaft Gottes leben, indem wir Süße und Säure mischen.

[4] Trost der Weisheit – Gemeint ist das von dem römischen Staatsmann und Philosophen Anicius Manlius Severinus Boethius (um 480–534 n. Chr.) während seiner langen Einkerkerung in Pavia verfaßte Werk *De consolatione philosophiae*

Aristoteles sagt, daß die Schafe durch zu starke Fettbildung unfruchtbar werden. Die Milch schwarzer Schafe ist besser und kräftiger als die von den weißen, aber bei den Ziegen ist das genau umgekehrt. Ambrosius sagt, das Schaf fresse Unmengen an Grünpflanzen, und zwar deshalb, weil es den harten Winter fürchtet; deshalb will es sich zuvor an den Grünpflanzen sättigen, bevor ihm das der Winter nimmt. Wenn man sie auf trockene Weide führt, so leben sie viel länger als auf feuchter Weide. Wer sie aus einem brennenden Haus führen will, der muß sie festhalten, sonst laufen sie wieder in das Feuer zurück. Wenn ein junges Schaf vorzeitig brünstig wird, das ist schlimm, denn es bedeutet, daß es verseucht ist. Aristoteles sagt, wenn die Schafe salziges Wasser trinken, dann paaren sie sich vor der Zeit. Wenn das Schaf bei Nordwind trächtig wird, so wirft es ein männliches Junges; wenn es aber bei Südwind tragend wird, so bringt es ein weibliches Tier zur Welt. Wenn die Adern unter der Zunge des Schafes weiß sind, dann werden auch die Lämmer weiß; sind sie aber schwarz, so werden sie auch schwarz, und sind sie rot, so werden die Lämmer zweifarbig. Er sagt auch, wenn die Schafe sehr fett an den Nieren werden, dann sterben sie. Dem Schaf hilft es sehr, wenn es sich abends ausruhen kann. Lammfleisch ist für kräftige und gesunde Leute sehr gesund, aber für Kranke ist es ungesund. Isidorus sagt, ein Lamm bedeute auf Latein ein Erkenner, denn es erkennt seine Mutter besser, als es andere Tiere tun; oder es heißt *agnus*, von dem griechischen Wort *agnon*, das bedeutet sanft, weil es ein sanftmütiges Tierchen ist. Alexander sagt, aus einem Schaffell läßt sich niemals Pergament machen, noch aus irgendeiner anderen fetten Haut. Aristoteles sagt, wenn der Wolf Schafswolle frißt und diese wieder ausscheidet, so entwickeln sich darin mehr Würmer auf der Erde als aus einem anderen Haar.

Von dem Parder

PARDUS heißt ein Parder. Das ist ein vielfarbiges Tier wie der Panther, wie Jacobus sagt, denn es hat viele Flecke auf seinem Fell: der eine ist weiß, der andere schwarz, der dritte rot, der vierte gelb. Solinus sagt, daß die Tiere in dem Land Afrika sich an fließenden Gewässern versammeln, und zwar deshalb, weil das Land nicht viel Wasser hat. Dort sind auch die Löwinnen, die sich mit verschiedenen Tieren paaren, manchmal unter Zwang, manchmal auch aus freien Stücken, und daraus entstehen die Parden. Der Parder kann um die Ecke sehen, und er sieht sehr gut. Er ist auch sehr wild und hat einen grimmigen Mut.

Von dem Einhorn

UNICORNUS ist ein Einhorn und ist ein kleines Tier, wie Isidorus sagt, im Verhältnis zu seiner großen Kraft. Es hat kurze Beine, gemessen an seiner Größe. Es ist sehr wild und böse, so daß kein Jäger es mit Gewalt fangen kann. Aber man fängt es, wie Isidorus und Jacobus sagen, mit einer keuschen Jungfrau. Wenn man die alleine in dem Wald sitzen läßt und das Einhorn daherkommt, so legt es all seine Grimmigkeit ab und verehrt die Reinheit des keuschen Leibes an der Jungfrau und legt seinen Kopf in ihren Schoß und schläft da ein. Dann fangen es die Jäger und führen es in die königlichen Paläste, damit die Menschen es ansehen und beschauen können.

Das Tier bedeutet unseren Herrn Jesus Christus, der zornig und böse über die Hoffärtigkeit der Engel und über den Ungehorsam der Menschen auf Erden war, bevor er Mensch wurde. Den fing die hochgelobte Jungfrau Maria mit ihrer keuschen Reinheit in der Wüste dieser sündhaften Welt, als er vom Himmel in ihren keuschen, reinen Schoß sprang. Danach wurde er von den bösen Jägern gefangen, nämlich von den Juden, und wurde auf schändliche Weise von ihnen getötet. Danach stand er von den Toten auf und fuhr zum Himmel auf in den Palast des himmlischen Königs, wo er der Gemeinschaft aller Heiligen und aller Engel ein wonniger Anblick ist. Hilf Mutter, hilf jungfräuliche

Maid, du hast oft geholfen, daß wir dein Kind dort schauen! Das Einhorn hat ein Horn auf der Nase. Sankt Gregorius sagt, wenn das Tier gefangen ist, so stirbt es an der großen Schmach, die es darüber empfindet.

Von dem Fuchs

VULPIS heißt ein Fuchs. Der hat die Eigenart, wie Ambrosius sagt, daß er, wenn er in einer Krankheit fürchtet, sterben zu müssen, eine Fichte aufsucht und das Harz frißt, das von dem Stamm herunterfließt; so macht er sich gesund. Einige sagen, daß der Fuchs sich nie selbst eine Höhle gräbt, sondern der Dachs all die Höhlen gräbt, in denen die Füchse leben. Denn wenn ein Dachs eine Höhle gemacht hat, dann geht der Fuchs da hinein und läßt ihm seinen Kot darin. Dessen Gestank haßt der Dachs gar sehr und kommt nie wieder in die Höhle. Durch diesen Trick bleibt dem Fuchs die Höhle. Einige sagen, daß der Fuchs ein stinkendes Maul habe, denn er stinkt auch hinten. Er ist besonders versessen auf zahmes Geflügel wie Hühner und Gänse. Zu Pulver gebranntes Fuchsfleisch, in Wein gegeben, ist sehr gut für Leute, die an Herzasthma leiden. Sein Blut vom Bauch ist gut gegen Ohrenschmerzen. Wenn er Mandeln frißt, dann stirbt er. Im Sommer überhitzt sich seine Leber. Wenn er Hunger hat und nichts zu fressen findet, dann stellt er sich tot und legt sich auf die Erde und hält den Atem an und bewegt sich nicht, bis sich die Vögel auf ihn wie auf ein Aas setzen; dann fängt er sie und frißt sie, denn er hat das Maul offen und streckt die Zunge heraus. Isidorus sagt, daß der Fuchs selten ordentliche Wege benutze, er laufe vielmehr auf Seiten- und krummen Wegen. Er entkommt den Hunden manchmal dadurch, daß er wie ein Hund bellt, oder er hängt sich an einen Ast, bis die Hunde die Spur verloren haben. Gerät er in ein Fuchseisen, so beißt er sich oft selbst den Fuß ab, mit dem er gefangen ist, und flieht mit drei Füßen. Ist er aber fest gefangen, dann stellt er sich tot, bis man ihn aus dem Fuchseisen zieht, dann springt er seines Weges.

Vögel

Von dem Adler

AQUILA heißt ein Adler. Und Augustinus sagt, daß er der edelste Vogel und ein König aller Vögel sei. Er ist ein großer Räuber und lebt nur von Fleisch. Er hat sehr kräftige und scharfe Augen, so daß er die Sonne in ihrer ganzen Helligkeit ansehen kann. Deshalb sitzt er gern der Sonne zugewandt. Der Adler hat die Gewohnheit, daß er mit den Krallen seine Jungen zur Sonne hin aufhängt. Welches dann die Sonne unverwandt ansieht, das behält er als einen trefflichen Vogel seines Geschlechts und ernährt es. Welches aber die Augen von der Sonne abwendet, das wirft er als ein unedles Kind fort.

Adelinus sagt, wenn dem Adler sein Alter beschwerlich wird, dann hält er nach einer sehr kalten Quelle Ausschau und fliegt über der Quelle über alle Wolken hinauf. Dann wird die Dunkelheit seiner Augen von der Sonnenhitze verzehrt.[5] Danach läßt er sich in seinem erhitzten Zustand sofort in die vorher ausfindig gemachte Quelle fallen und taucht dreimal darin unter. Dann fliegt er zu seinem Nest mitten zwischen seine starken Jungen, die jetzt schon gut jagen können, und mausert sich dann, genauso wie in der Zeit des kühlen Zustands zwischen der Hitze und der Kälte bei einem Fieber. Dann füttern und ernähren ihn die Jungen in dem Nest, bis er seine Federn erneuert und wiedergewinnt.

[5] Dann wird die Dunkelheit seiner Augen verzehrt – Gemeint ist, daß seine Sehkraft wieder hergestellt wird

Wenn ihm der Schnabel zu lang wird, daß er seine Nahrung nicht mehr gut damit ergreifen kann, dann schlägt er ihn an einen Stein und reibt ihn daran und kürzt die Krümmung seines Schnabels, bis er gerade wird. Die Jungen des Adlers bleiben in dem Nest, ohne zu wimmern oder zu schreien.
Jacobus sagt, daß der Adler einen Stein in seinem Nest habe, der Echites oder Gagates[6] heißt. Der hat im Inneren noch einen Stein. Den Stein hat er gegen die große Hitze in sich. Hätte er den Stein nicht, so würden seine Eier infolge der großen Hitze im Nest gebraten. Andere Gelehrte sagen, daß der Adler zwei Steine in seinem Nest habe, die Nides heißen, und er ohne deren Wirkkraft nicht brüten könne.
Der Adler teilt den anderen Vögeln seine Beute mit. Aber die Gäste sollten sich vor dem Wirt in acht nehmen, denn hat er nicht genug, wenn der Fang verzehrt ist, dann greift er die Gäste an und frißt sie. Die Krähe folgt dem Adler bisweilen, und wenn er das auch lange duldet, so ergreift er sie schließlich mit seinen Krallen.
Plinius sagt, wenn man Adlerfedern mit den Federn anderer Vögel vermische, so würden sie dadurch von Natur aus erzürnt und fräßen die auf und duldeten ihre Gesellschaft nicht. Aber das glaube ich nicht.

[6] Echites oder Gagates – Gagat bzw. schwarzer Bernstein; – siehe auch weiter unten in dem Abschnitt über die Edelsteine

Der rechte Fuß des Adlers ist größer als der linke. Er setzt seine Jungen auf seine Schultern und lehrt sie fliegen.
Alle edlen Vögel erschrecken, wenn sie den Adler sehen und getrauen sich nicht, am Tag zu jagen, denn sie verläßt ihr Mut, mit Ausnahme des Greiffalken; der fängt den Adler. Alexander sagt, daß der Adler mit seinem kaiserlichen Ruf den Flug anderer Vögel behindere.
Wenn er einen Tag fastet, so holt er das an dem anderen Tag mit viel Fressen wieder auf. Gamaliel sagt, daß der Adler seine Kinder mit viel Sorgfalt das Fliegen lehre. Wenn er Nachstellungen durch Jäger befürchtet, dann trägt er seine Jungen auf dem Rücken fort und bringt so seinen Körper zwischen die Jungen und den Jäger, damit er, falls es notwendig werde, den Schuß vor seinen Kindern wie ein Schild abfange.

Von der Harpie

(H)ARPIA ist ein Vogel, wie Adelinus sagt, der in fernen Landen an einem Ort lebt, der Strapedes heißt, in der Wüste an dem Ionischen Meer. Der Vogel hat einen gewaltigen Hunger und wird niemals satt. Er hat sehr scharfe Krallen, gut geeignet zum Reißen und zum Fangen. Der Vogel hat ein Gesicht wie ein Mensch, und er hat doch keine menschliche Eigenschaft an sich, denn er ist so grimmig, daß er unmenschlich ist. Der Vogel tötet den ersten Menschen, den er in der Wüste erblickt. Wenn er danach zufällig zu einem Wasser kommt und sein Gesicht darin sieht, so trauert er kein bißchen um den toten Menschen und trauert doch manchmal bis in den Tod darum, daß er seinesgleichen getötet hat, und weint die ganze Zeit, solange er lebt, über den Mord. Wenn der Vogel gezähmt wird, spricht er mit menschlicher Stimme, aber er hat keine menschliche Vernunft.

Von der Gans

ANSER oder *auca* heißt eine Gans. Der Vogel gibt die Nachtzeit mit seinem Schnattern an, so wie der Hahn mit seinem Krähen. Die Gänse melden mit ihrem Schnattern auch die Diebe, denn wie Isidorus sagt, riecht kein Tier den Menschen so schnell wie eine Gans.

Die Gänse legen oft ohne Beiwohnen des Gänserichs Eier. Aber die Eier können nicht zu Vögeln werden, wie Aristoteles und andere Gelehrte sagen. Wenn ihre Gänseküken noch sehr schwach sind, dann behütet sie eine Gans ständig und reckt den Hals hoch, damit der Räuber, der Adler, nicht kommt. Die Gans kann den Adler gut von den Geiern unterscheiden, was einem Menschen sehr schwer fiele.

Die Wildgänse richten ihren Flug nach den Winden, wie dem Südwind, der auf Latein *auster* heißt, und dem Nordwind, der *aquila* heißt. Denn wenn der Nordwind weht, dann fliegen sie nach Süden, das ist gegen Mittag; wenn aber der Südwind weht, dann fliegen sie nach Norden. Die Gänse haben ein so großes Vergnügen am Fliegen, daß sie selten jemals ruhen, außer zum Fressen. Sie schlafen auch selten. Aber den Hausgänsen ist das Fliegen sehr beschwerlich, und eifriges Fressen ist für sie ein Vergnügen, und auf Schlafen sind sie begierig.

Von dem Bachad[7]

BACHADIS heißt ein Bachad und heißt manchmal auch ein Wek. Das ist ein Vogel, der auf einem Baum wächst. Und der Baum hat viele Äste, aus denen die Vögel wachsen, so daß immer viele von ihnen an einem Baum hängen. Diese Vögel sind kleiner als die Gänse und haben Füße wie die Enten; sie sind aber von schwarzer Färbung, so wie die Farbe von Asche. Sie hängen mit den Schnäbeln an den Bäumen. Sie fallen frühzeitig in das Meer und wachsen in dem Meer, bis sie beginnen zu fliegen. Einige Leute aßen den Vogel, aber Innozenz, der vierte Papst dieses Namens, verbot diesen Vogel in einem Konzil im Lateran.

[7] Bachad – die Bernikelgans. Diese alte Sage, die u.a. auch Vinzenz von Beauvais berichtet, behauptet, daß die Bernikelgans aus der Bernikel- oder Entenmuschel (lepas anatifera) entsteht, deren Form und Markierung allerdings nur entfernt der (kleinen) Bernikelgans ähneln

Von dem Uhu oder Auf

BUBO heißt ein Auf oder in anderem Deutsch ein Uhu. Mit dem Vogel fängt man andere Vögel, und der Vogel bedeutet den Sünder, der öffentlich sündigt und andere Leute mit sich zur Sünde bringt. Der Auf trinkt die Taubeneier aus und frißt die Mäuse und lebt gerne in Kirchen und trinkt das Öl aus den Lampen und verunreinigt auch noch die Kirchen mit seinem Kot.

Wenn ihn andere Vögel angreifen, so fällt er auf den Rücken und wehrt sich mit den Fußkrallen. Nimmt man das Herz des Aufen und legt es einer schlafenden Frau an die linke Seite, dann sagt sie alles, was sie getan hat. Wenn man sein Mark auf die Augen des Menschen streicht, so macht es sie klar.[8]

Der Vogel bedeutet die zuchtlosen Geistlichen in der Christenheit, die fette Pfründe von ihren Kirchen haben und sie doch mit ihren Sünden verunreinigen. Und wenn sie die Vögel strafen, die am Tag fliegen (das sind diejenigen, die das Wort Gottes lehren), dann fahren sie die mit den scharfen Krallen ihres Grimms an.

Der Vogel hat viele Federn, doch ist er schon auf Grund seines Körpers schwer.

[8] macht es sie klar – Gemeint ist: macht sie wieder sehend

Von dem Calader

CALADRIUS ist, wie Jacobus und Isidorus sagen, ein gänzlich weißer Vogel. Der hat die Eigenschaft, daß der innere Teil seiner Hüfte den Augen ihre Dunkelheit nimmt. Er hat auch die Eigenschaft, daß er, wenn man ihn öfters zu einem kranken Menschen führt, anzeigt, ob der Mensch sterben oder genesen wird. Wenn er das Gesicht des Menschen meidet und seine Augen von ihm abwendet, dann stirbt der; sieht er aber den Kranken an und wendet sich nicht von ihm ab, so wird er genesen, denn der Vogel erblickt das Gesicht des Kranken und nimmt dessen Krankheit an sich und fliegt in die Lüfte und verbrennt und zerstreut sie. Auf diese Weise wird der Kranke sofort gesund.

Diese Vögel hielten die alten Könige früher in ihren Hallen und Wohnstätten eingeschlossen. Die Vögel fand Alexander in dem Land Persien. Der Calader hat in seinem Gebein einen großen Knochen. Dessen Mark macht dem die Dunkelheit in den Augen klar, der sich damit salbt.

Von dem Elbiz oder Schwan

CIGNUS heißt ein Elbiz oder ein Schwan. Das ist ein weißer Vogel, und die Gelehrten sagen, er singe sehr schön, aber das habe ich nie gehört und habe doch viele von ihnen gesehen. Jacobus sagt, daß der Schwan weiße Federn und trotzdem schwarzes Fleisch habe. Er weiß von Natur aus seinen Tod im voraus, denn er singt fröhlich und vergnügt, bevor er sterben muß. Er hat seine Kraft in seinen Flügeln. Wenn der Tod herankommt, so entflieht er seiner Pein in dem Gehirn dadurch, daß er wonniglich singt, bis er stirbt. Aber das Buch sagt auf lateinisch: *instante morte figit pennam in cerebro*; das heißt: wenn der Tod kommt, dann steckt er eine Feder in das Gehirn. Das gibt aber keinen Sinn; folglich hat der Schreiber hier einen Fehler gemacht und hätte schreiben müssen: *fugit penam in cerebro*; das heißt: er entflieht der Todespein in dem Gehirn durch seinen wonniglichen Gesang, obwohl das Herz unterdessen leidet. Er ist von heißer Natur, deshalb wird er schnell zornig. Wenn er mit dem einen Fuß schwimmt, so lenkt er sich mit dem anderen auf den Weg, den er möchte, wie ein Schiffer. Er frißt wenig, gemessen an der Größe, die er hat. Er hat ganz kleine Zähne in seinem Schnabel; mit denen zerkleinert er seine Nahrung. Wenn er auf den Kopf geschlagen wird, so stirbt er leicht, obwohl er doch andere Verletzungen in beträchtlichem Ausmaß ertragen kann.

Von dem Caristen

CARISTA ist, wie Solinus sagt, ein Vogel, der ohne irgendwelche Pein oder Schmerzen in brennende Flammen fliegt, also daß weder seinen

Federn noch seinem Fleisch durch das Feuer Schaden geschieht. Darunter verstehen wir die heiligen Märtyrer, die das Feuer dieser Welt nicht verzehren kann.

Von der Taube

COLUMBA heißt eine Taube. Das ist ein sehr sanftmütiger Vogel. Die Taube reißt nicht und wütet auch nicht mit ihrem Schnabel. Sie ist auch ohne Galle, wie Beda sagt. Aber Aristoteles sagt, sie habe eine Galle, jedoch nicht an der Stelle, wo andere Tiere sie haben, denn sie habe die Galle in einem Eingeweide. Deshalb widerspricht Aristoteles nicht dem, was Beda sagt, denn Beda meint, die Taube habe keine Galle an der Stelle, wo andere Tiere sie haben, ebenso meint Aristoteles, sie habe sie anderswo.

Die Taube reizt ihre Liebe durch Schnäbeln an wie die Menschen durch Küssen. Die Tauben fliegen scharweise und schaden niemandem. Sie lebt nicht von Totem, denn sie frißt nur Korn und Getreide. Statt zu singen, weint sie. Sie füttert fremde Junge. Die Taube kann ihre Sehkraft neunmal wiederherstellen. Sie nistet hoch, wie Jacobus und Beda sagen, wo kein Tier sie anrühren kann. Ebenso soll unsere Wohnstatt in dem hohen Himmel sein. Die Taube rastet sehr gerne an dem Wasser, damit sie den Durst löscht und damit sie den Schatten des Habichts in dem Wasser vorher sieht, bevor er sie ergreifen kann.

Isidorus sagt, es gebe einen Baum im Orient, der auf griechisch *peridixion* und auf Latein *circa dextram* heißt, das bedeutet auf deutsch: zu der rechten Hand. Die Frucht des Baumes ist süß. Danach hat die Taube ein überaus großes Verlangen. Und der Baum beschützt die Taube mit seinen Ästen und mit seinem Schatten. Und in diesem Land ist eine Art von Drachen, die den Tauben nachstellen. Und die Drachen hassen den vorgenannten Baum von Natur aus so sehr, daß sie seinen Schatten fürchten. Wenn nun die Tauben auf dem Baum sitzen, so sitzt der Drache fern davon und gibt acht, ob nicht eine Taube aus dem Baum fliege, damit er sie fange. Geschieht es, daß der Schatten des Baumes auf der rechten Seite ist, so setzt sich der Drache auf die linke; ist aber der Schatten auf der linken, so setzt er sich auf die rechte. Unter den Drachen sind die bösen Geister zu verstehen und unter den Tauben die gläubigen Seelen, unter dem Baum das Kreuz unseres Herrn, unter dessen rechtem Arm unsere liebe Frau, die Gottesmutter, steht. Unter dem Schatten des Baumes ist das Zeichen des heiligen Kreuzes zu verstehen, das wir vor uns aus rechtem Glauben machen, denn davor fliehen die bösen Geister.

Aristoteles sagt, daß die Taubenpärchen sehr treu seien, so daß sie die Ehe nicht brechen. Sie haben auch die Eigenart, daß sie eine gemeinschaftliche Wohnstätte aufsuchen, und das mögen sie. Diese Wohnstätte verlassen sie nicht leicht, außer wenn es eine jungfräuliche Taube oder Witwe ist, diese fliehen dann von den anderen. Die Tauben gebären immer zwei Täubchen, zuerst einen Jungen und danach, am dritten Tag, ein Mädchen. Sie brüten auch beide, das Männchen und das Weibchen, im Wechsel. Das Weibchen brütet nämlich nach dem Mittag bis zur Zeit der Mette,[9] danach brütet das Männchen die übrige Zeit; und von dem achtzehnten Tag an bleibt das Männchen draußen.

Die Tauben haben auch die Eigenart, daß sie, wenn sie Tauben finden, die sich verflogen haben, diese in ihre Gesellschaft aufnehmen. Sie haben auch die Eigenart, daß sie kleine Steinchen fressen, und zwar deshalb, damit sie die Hitze des Magens dämpfen, denn sie sind von sehr heißer Natur. Wenn sie miteinander kämpfen, so spreizen sie ihre Federn und besonders die am Hals. Sie haben einen stark brennenden und heißen Kot; den werfen sie aus ihren Nestern und lehren auch ihre Jungen, den Kot hinauszuwerfen. Wer von der Schwalbe oder der Turteltaube Blut unten aus dem rechten Flügel nimmt und das in die dunklen Augen[10] bringt, der wird gesund, denn das Blut ist scharf und hat die Kraft, daß es die verdickten Substanzen zerstreut und verzehrt. Der Täuberich wirft seine ausgewachsenen Jungen aus dem Nest; aber bevor er sie hinauswirft, paart er sich vorher mit ihnen. Die Taube leidet große Qual,

[9] Mette – lateinisch Matutina, die Frühmesse
[10] dunkle Augen – blinde Augen

wenn sie ihre Eier gebiert, und wenn sie sich mit dem Gebären zu lange aufhält, so wird sie schwer verletzt. Unter den Vögeln haben die Tauben die Eigenschaft, daß sie ihre Hälse beim Trinken nicht wieder hochnehmen, bis sie genug getrunken haben.

Die jungen Tauben sind am besten und gesündesten im Frühjahr, wenn man das Sommergetreide sät, und im Herbst, wenn man das Wintergetreide sät, und zwar deshalb, weil sie sich dann nur von Korn ernähren. Plinius sagt, daß frisches Tauben- und Schwalbenfleisch, miteinander gemischt und angemacht, gut gegen Schlangen ist. Es ist auch wirklich wahr, daß einige Tauben die angeborene Eigenschaft haben, daß sie sich nie paaren und jungfräulich bleiben.

Es gibt auch einige, die Witwen bleiben, wenn sie ihr Gemahl verläßt; und sie meiden auch die gemeinschaftliche Wohnstätte der Tauben, die einen Gemahl haben, und zwar deshalb, damit sie die Männchen nicht beunruhigen; und sie fliehen von ihnen und wohnen in wilden Felsen.

Die Tauben verwenden große Sorgfalt darauf, ihre Federn zu glätten und zu putzen und mit ihren Schnäbeln zu kämmen. Und wenn sie damit beginnen, dann stellt ihnen der Sperber besonders nach und fängt sie dann und tötet sie. Ebenso stellt uns der böse Geist nach, wenn wir unser Bemühen auf die Täuschung und die Eitelkeit dieser Welt richten. Ach Herr, wie oft er mich auch gefangen hat, so hat mich die Tugendvollste, die Schönste, die Herrlichste, die Edelste, die Mächtigste stets aus seinen scharfen Krallen befreit, obwohl ich leider nicht ihre Taube bin, sondern ich bin ein armer Rabe. Nun hilf, edle Kaiserin, hilf mir und allen guten Freunden!

Von dem Königsvogel

DIOMEDICA oder *herodias* kann man auf deutsch Königsvogel nennen, weil er nach dem König Diomedes genannt ist, wie Solinus sagt. Aber er heißt auf griechisch *herodias*. Der Vogel gleicht in der Größe einem Schwan und ist schneeweiß. Seine Augen brennen hohl an dem Kopf, und er hat einen mit Zähnen schwer bewehrten Schnabel. Die Vögel fliegen scharweise wie die Kraniche, und der erste in der Schar führt die anderen und ist ihr Leiter. Aber der letzte in der Schar hat die Aufsicht über die anderen und zwingt sie, daß sie bei dem Flug die richtige Ordnung einhalten. Ebenso soll in jeder geistlichen Gemeinschaft ein Oberhaupt sein, dem man ohne nachzudenken folgt, und eine Gewalt, die Zwang ausübt. Diese beiden sind in jeder Gemeinschaft notwendig.
Der Vogel hat die Eigenart, daß er, wenn ein König in dem Land, wo er wohnt, aus der Welt scheiden oder sterben soll, eine klagende und weinende Stimme hat. Wenn ein Grieche zu den Vögeln geht, so sagen Solinus und Jacobus, dann

seien sie sehr sanftmütig gegen ihn; wenn aber ein anderer Mensch zu ihnen geht, dann würden sie ihn anfallen. Sie fliegen von ihren Nestern nach Osten auf die Jagd, aber die Nestöffnung ist zum Westen hin, deshalb müssen sie sich bei dem Einflug nach der Jagd umwenden.

Von dem Phönix

PHÖNIX ist ein Vogel in dem Land Arabien. Davon gibt es immer nur einen, wie Solinus, Jacobus, Isidorus und Ambrosius sagen, und er lebt dreihundertundvierzig Jahre. Er ist so groß wie ein Adler und hat einen Kopf mit einer Krone wie ein Pfau und einen gefalteten Gaumen. Er ist auch am Hals goldfarben, aber an dem Hinterleib ist er purpurfarben. Er hat einen wachsgelben Schwanz, in den rosenrote Federn in wunderbarer Vielfarbigkeit eingestreut sind.
Der Phönix hat die Eigenart, daß er, wenn ihm das Alter beschwerlich wird, sich in dem Land gegen Sonnenaufgang den allerschönsten Baum auf dem höchsten Gebirge über einer überaus lieblichen Quelle sucht und sich auf dem Baum ein Nest aus Weihrauch, Myrrhe, Zimt und anderen kostbaren Gewürzen und Kräutern macht. Und wenn die Sonne ihre Hitze auf das Nest wirft, so fächelt der Phönix mit seinen Flügeln so lange, bis der Haufen der edlen Substanzen Feuer fängt. Wenn das geschieht, dann legt

er sich in das Feuer und verbrennt. Danach entsteht innerhalb weniger Tage aus der Asche ein kleiner Wurm, der danach Flügel bekommt. Danach entsteht daraus ein vollkommener Phönix.
Isidorus sagt, es sei einstmal ein Phönix in die Stadt Heliopolis geflogen, die in dem Land Ägypten liegt, in dem Monat Adar, das ist der April, der nächste vor dem Mai, und trug auf seinen Flügeln viele kostbare Gewürze und Kräuter. Und er setzte sich auf einen Holzhaufen, den der Priester aufgeschichtet und für ein Opfer angezündet hatte und verbrannte sich zwischen den kostbaren Gewürzen, die er auf seinen Flügeln dahin gebracht hatte. An dem nächsten Tag nach dem Brand kam der Priester zu dem Altar und fand das Holz verbrannt. Als er die Asche genau betrachtete, da entdeckte er einen kleinen Wurm; der duftete über alle Maßen angenehm und lieblich. An dem nächsten Tag danach war der kleine Wurm zu einem Vogel geworden. An dem dritten Tag war er ein ganz vollkommener Phönix und flog seines Weges. In der Stadt war, wie Haimo sagt, vor der Ankunft Christi ein Tempel zur Ehre des obersten Gottes erbaut worden. Der Tempel war nach dem Tempel gebildet, den Salomon in Jerusalem erbaute; und ihn baute Onias, der Sohn des Königs Onie, auf Befehl des Königs Ptolomaei, der König in Ägypten war nach dem Spruch des Jesaja, der da sprach: Der Altar unseres Herrn wird im Land Ägypten sein. Es sagt auch Haimo, daß unsere

Frau oft mit ihrem Kind in der Stadt war, die da Heliopolis heißt, als sie vor Herodes von Judaea nach Ägypten floh.
Der Phönix bedeutet die heilige Seele, die durch ihre Betrachtung der göttlichen Sonne groß wie ein Adler ist. Sie hat eine glänzende Krone auf dem Haupt wie der Pfau, dadurch, daß sie lauterer und reiner Gesinnung ist. Die Seele hat einen gefalteten Gaumen aufgrund ihres doppelten Begehrens in ihrem Gebet, denn sie bittet um ihr eigenes Seelenheil und auch um das Seelenheil des Nächsten. Ihr Hals hat die Farbe von Gold, das ist die heilige Lehre und ist der gute Rat, den sie anderen Leuten vorträgt. Die heilige Seele hat am Hinterleib die Farbe von Purpur, das ist ihre Nachfolge der Leiden Christi, denn die kann niemand umgehen, der zu Gott will. Auch kannst du Christus aufgrund seiner Leiden und aufgrund seiner Auferstehung an dem dritten Tag sehr genau mit dem Vogel gleichsetzen.

Von dem Gracender

GRACOCENDRON kann man einen Gracender nennen. Das ist ein Vogel in dem Land gegen Sonnenaufgang. Der Vogel ist von Natur aus sehr tugendhaft, keusch und enthaltsam, denn er paart sich nur einmal und nicht mehr in einem ganzen Jahr. Und diesen einzigen Akt vollbringt er nur wegen der Nachkommenschaft und nicht um der Lust willen. Das tut sonst kein anderer

Vogel noch ein anderes Tier auf dem Erdreich. Ach, schäme dich, Mensch, du hast Vernunft und der Vogel nicht. Ich meine dich, dem jede Stunde, jede Zeit und jede Person dazu recht ist. Wisse, daß du dadurch deine Kraft, deine Schönheit, dein Leben schädigst.

Von dem Greifen

GRIFIS heißt ein Greif. Das ist ein Vogel, der, wie Jacobus sagt, über die Maßen grimmig und bösartig ist; und seine Körperkräfte sind so groß, daß er einen gepanzerten Mann überwältigt und tötet. Er hat große, scharfe Klauen oder Krallen, mit denen er den Menschen und andere Tiere zerreißt; und die Klauen sind so groß, daß die Leute sich Schalen und Trinkgefäße daraus machen. Der Vogel hat vier Füße und ist hinsichtlich des Kopfes und der Flügel dem Adler gleich, doch ist er viel größer. Der übrige Teil seines Körpers ist einem Löwen gleich; und er wohnt auf den Bergen, die Hyperborei[11] heißen. Der Vogel ist ein großer Feind des Menschen und der Pferde. Er legt in sein Nest einen Stein, der Agathes heißt . . . Rabanus sagt, daß die Greifen Gold ausgraben und auch sehr große Freude haben, wenn sie Gold ansehen.

11 Hyperborei – Jenseits des Boreas, des kalten Nordwindes, lag nach antiker Auffassung das Land der (sagenhaften) Hyperboreer

Von dem Kranich

GRUS heißt ein Kranich. Die Kraniche haben die Eigenart, daß sie in einer bestimmten Ordnung fliegen. Und sie gehen bei ihrem Flug mit Überlegung vor. Wie nämlich die Lehrer Solinus, Jacobus, Ambrosius und Isidorus berichten, schicken sie, wenn sie ausfliegen, ihre Schar so aus, wie eine glänzende Schar von Rittern gegen ihre Feinde vorgeht. Der vorderste Kranich, der die anderen leitet und führt, der ruft und läßt seine Stimme ertönen, damit die anderen nicht aus der rechten Flugordnung treten; und wenn der voranfliegende Kranich durch sein Schreien heiser wird, dann fliegt ein anderer an seine Stelle und übt dasselbe Amt aus. Die Kraniche teilen die Schildwachen während der Nachtzeit so unter sich ein, daß jeweils der zehnte Kranich wach bleibt. Und jeder Kranich, der wacht, zieht einen Fuß von der Erde in die Höhe und nimmt einen kleinen Stein darin und steht auf dem anderen Fuß. Wenn das Steinchen niederfällt, dann erwacht er und ruft. So schützt er sich vor dem Einschlafen. Die anderen schlafen so, daß sie den Kopf unter ihren Flügeln verbergen und abwechselnd auf dem einen und dem anderen Fuß stehen. Aber ihr Führer schützt sie alle mit hochgerecktem Hals und sieht sich eifrig um. Wenn die Kraniche Wolken erblicken, dann rufen sie und mahnen ihren Anführer, sich zu beeilen, damit das Unwetter sie nicht ergreift. Wenn sie auf die Erde niederfallen, um zu fressen, dann reckt ihr Führer seinen Kopf in die Höhe, um die anderen alle zu bewachen, und so können die anderen in Sicherheit fressen. Wenn der Führer aber einen Menschen sieht, dann ruft er, damit sich die anderen vorsehen. Wenn die Kraniche fliegen, dann kehren sie sich gegen den Wind; und wenn sie über das Meer fliegen wollen, dann fressen sie Sand, und zwar deshalb, damit sie die gehörige Schwere haben, wie Solinus sagt; und deshalb nehmen sie für diesen Flug auch kleine Steine in ihre Füße. Und wenn sie sehen, daß sie mitten über ein Schiff kommen, dann lassen sie die Steinchen fallen. Das haben die Schiffer auf dem Meer oft wahrgenommen, nämlich, daß es dort Steine in die Schiffe geregnet hat. Und deshalb lassen sie den Sand nicht aus ihren Hälsen, es sei denn, sie sind sicher, daß sie das Wetter auf dem Meer nicht mehr bedrängen kann. Die Kraniche haben oft einen Stein in dem Magen, den sie zuletzt mit dem Schnabel von sich geben. Wenn man diesen Stein in einem Feuer brennt, wird er zu Gold. Das haben die gesagt, die es erforscht haben. Wenn die Kraniche weit über das Meer fliegen und einer von ihnen müde wird, dann nehmen ihn die anderen auf sich und tragen ihn, bis er seine Kräfte wiedergewinnt. Im Alter werden die Kraniche schwarz. Die wilden Kraniche werden oft mit den zahmen gefangen. Sie haben auch die Eigenart, daß der Kranich, der von ihnen der erste im Flug ist, der letzte von ihnen ohne irgendwelchen Haß und Neid wird. Aristoteles sagt, wenn die Kraniche das Nahen des Winters fürchten, dann fliegen sie über das Land Ägypten hinweg und kämpfen mit kleinen Leuten, die kaum eine Elle lang sind und Pygmaei heißen. Das ist keine Lüge, wie Aristoteles sagt. Es sagt auch die Glosse zu Ezechiel: Das pygmaeische Volk ist in deinen Türmen. Die Glosse sagt, daß das Volk in den Ländern im Orient lebt. Die Leute dieses Volkes haben ein kurzes Leben. Das Kämpfen der Kraniche untereinander ist so heftig und gewaltig, daß man sie mit den Händen fangen kann. Das Kranichweibchen steht, wenn das Männchen es begattet.

Von dem Hahn

GALLUS heißt ein Hahn. Der Hahn hat die Eigenart, daß er die Flügel zusammenschlägt, wenn er krähen will. Er hat auch die Eigenart, daß er in der Nacht lauter und kräftiger kräht, und zwar deshalb, damit er besser wach bleibt; und zur Zeit der Frühmesse, gegen Tagesanbruch, kräht er heiser. Er hat auch die Eigenart, daß er die Pferde mit seinem Krähen nachts beruhigt und die Kamele wild macht. Es sagen auch einige, daß der Hahn nachts durch sein Krähen die bösen und grauenerweckenden Vorhaben und das grauenerregende Sinnen bei gemütskranken Leuten vertreibe. Der Hahn frißt auch manche Pflanze, die ihn kräftigt, aber andere Tiere tötet. Er hat auch die Eigenart, daß er, wenn er schlafen will, hoch hinauffliegt und auf einem Bein ruht. Der Löwe fürchtet den weißen Hahn. Aristoteles sagt, daß der Hahn nach dem Kampf und nach dem Sieg krähe und die Henne nicht. Wenn der Hahn und die Wachtel ihr Ebenbild in einem Spiegel sehen, dann verlieren sie ihre Kraft. Der Hahn ruft sein Weibchen mit einem sanften Krähen zum Fressen, wenn er Korn findet. Es geschieht auch gelegentlich, daß der Hahn, wenn er alt wird, ein Ei legt. Das brütet dann eine Kröte aus, und daraus entsteht dann ein Unk, der auf Latein *basiliscus* heißt. Wenn die Hennen alle vor dem Hahn sterben, dann nimmt der Hahn aus Kummer ab und kräht aus großer Trauer nicht mehr.

Von dem Kapaun

GALLUS GALLINACIUS heißt ein Kapaun, und er heißt in der Schrift oft *pepo*. Das ist ein Hahn, der seiner Geschlechtswerkzeuge beraubt ist, und man sagt, daß sie schnell fett werden, weil sie das Begattungwerk nicht austrocknen noch abmagern läßt. Ein Naturforscher sagt, daß der Kapaun gemeinsam mit den Hennen fett wird, aber er macht die Hennen nicht fruchtbar; er wird zusammen mit ihnen gefüttert, aber er beschützt sie nicht. Er kräht nicht, und er kann die jeweilige Tages- und Nachtstunde nicht erkennen. Der Kapaun ist zu nichts nütze, außer in der Küche. Sie haben besseres Fleisch als irgendein anderes Geflügel, denn das Fleisch des Kapauns macht gutes Blut und ist sehr nahrhaft. Davon redete Meister Jordan vom Predigerorden[12] (möge Gott seiner in Güte gedenken) in einer Predigt für die Geistlichen, als er zu den Chorherren und anderen Geistlichen sprach, die da versammelt waren: Der Schreiber Sobna wird als ein Kapaun weggeführt. Eia, wohin? Wahrhaftig, zu keiner anderen Stelle als in die Küche des Teufels. Eia, warum? Wahrhaftig, da kräht er nicht und kann auch nicht zeugen und ist nicht wehrhaft. Unter dem Schreiber verstehen wir unsere Prälaten und andere Geistliche, die zeugungsunfähig hinsichtlich geistlicher Werke sind, denn sie zeugen keine geistigen Kinder: Wollte Gott, daß sie auch keine leiblichen zeugten. Sie singen ihre Tageszeit nicht: Wollte Gott, daß sie mit Andacht redeten und nicht weltliche Lieder sängen. So singt der eine ein Lied vom Frauenlob, der andere eins vom Marner, der dritte eins von dem starken Boppen.[13] Der Boppen sind so viele geworden, daß sie den Besitz und die Ehre der Kirchen verboppen. Sie sind auch nicht wehrhaft, denn sie schützen ihre Schäfchen nicht, weder mit Gebet noch mit Pre-

[12] Predigerorden – Dominikaner

[13] Frauenlob, Marner, Boppe – Die Spruchdichter und Minnesänger Heinrich von Meißen, genannt Frauenlob (um 1250–1318), der Marner (zwischen 1231 und 1267 nachweisbar) und Meister Bopper (im ausgehenden 13. Jahrhundert tätig) zählen zu den zwölf – legendären – Meistersingern des Meistersangs

digen noch mit geistlichen Strafen. Wehe den verfluchten Hirten, sie sind Mietlinge. Wenn die ihren Lohn und ihre Gabe empfangen haben und ein Wolf kommt unter die Schafe, dann fliehen sie und lassen die Schäfchen in ihrer Angst und Not allein. Deshalb sind sie zu nichts nütze, außer in der Küche des Teufels. Von diesen fetten Kapaunen kenne ich leider viele. Mit dem Kapaun trägt der böse Geist die kleinen Spießvögel, wie die Chorherren, Pfarrer, Mönche und andere auf fleischliche Gelüste bedachte geistliche Leute, die ihre Pfründe nehmen, ohne fruchtbare Werke zu tun, in die ewige Qual. Nun lassen wir es dabei bewenden, es ist genug auf das Ziel geschossen und wir wollen weiter von dem Kapaun berichten.

Jacobus und Lapidarius (das ist derjenige, der über die edlen Steine geschrieben hat) sagen, daß man die Hähne oft ihrer Geschlechtswerkzeuge beraubt, wenn sie drei Jahre alt sind. Und wenn man sie danach fünf oder sechs Jahre leben läßt, dann findet man in der Leber der Kapaune einen edlen Stein; der heißt *allectorius* und den könnte man auf deutsch gut den Minnezieher oder Minnezwinger nennen, weil der die Frauen ihren Männern willfährig zur Liebe macht. Wenn der Stein in der Leber der Kapaunen herangewachsen ist, dann empfinden sie keinen Durst mehr und trinken auch nicht mehr, und deshalb vergeht einem Menschen, der den Stein in seinem Mund trägt, der Durst.

Von der Meergans

MEAUCA heißt eine Meergans. Das ist ein auf dem Meer lebender Vogel, und er ist größer als eine Ente und kleiner als eine richtige Gans. Der Vogel ist besonders gierig nach menschlichem Aas, und deshalb schreit er, wenn ein Unwetter auf dem Meer ist, unaufhörlich *meauce, meauce*, so als ob er sich über die Leute freue, die in dem Meer ertrinken. Deshalb nennt man ihn nach seinem Ruf auch Meauca. Als erstes geht er die Augen des toten Menschen an. Er stellt besonders kleinen Tieren nach, wo die sich versammeln.

Unter der Meergans oder der Meauca verstehe ich den bösen Geist, der uns in diesem jammervollen Meer der vergänglichen Welt auflauert und sich über Krieg und Unwetter freut, durch die wir in Todsünde fallen. Er geht bei uns auch als erstes die Augen an, das ist das Licht und die Kraft unserer Vernunft: Wenn er uns daran geblendet hat, dann fängt er uns leicht.

Von der Eule

NOCTICORAX heißt eine Eule und bedeutet auf Latein soviel wie ein Nachtrabe, so sagt Adelinus, und sie heißt auf Latein auch *noctua.* Der Vogel liebt die dunkle Nacht und fliegt mit aufgerichteter Brust und ruft gar schauerlich. Er lebt von menschlichem Unrat und singt vergleichsweise scheußlich; das Singen sollte man besser Jammern oder Weinen nennen. Er haßt das Licht und wird wach, wenn andere Tiere schlafen gehen, und sucht in der Nacht seine Nahrung. Wenn er am Tage flöge, so würden ihn alle anderen Vögel anschreien und ihm keine Ruhe lassen. Er hat einen großen Kopf und der ist nicht wie der Kopf anderer Vögel gestaltet. Er hat auch einen krummen Schnabel wie ein Sperber und gebogene, sehr scharfe Krallen an seinen Füßen. Die Eulen kämpfen auf sehr kluge Weise mit anderen Vögeln, wie Plinius sagt. Wenn ihnen nämlich der Mensch oder ein anderer Vogel Schaden antun will, dann lassen sie sich auf den Rücken fallen und wehren sich mit dem Schnabel und den Füßen. Aber der Habicht hilft der Eule oft aufgrund einer Eigentümlichkeit seiner Natur und beendet den Kampf. Wenn die Eule zu einer Insel kommt, die Kreta heißt, dann stirbt sie sofort. Ihr Fleisch ist gut für die schwachen Glieder, die von der Paralyse befallen sind.

Unter der Eule verstehen wir alle schlechten Leute, die Böses tun, wie Diebe, Räuber, Ehebrecher; die hassen das Licht der Wahrheit, wie unser Herr sagt: *Wer Böses tut, der haßt das Licht.*

Von dem Pelikan

PELLICANUS bedeutet im Lateinischen ein Grauläufer, denn wie Augustinus und Jacobus sagen, hat er ein graues Gefieder. Der Vogel hat die Eigenart, daß er gern im Land Ägypten an einem Gewässer lebt, das Nil heißt. Der scherzt mit seinen Jungen aufgrund seiner großen Liebe zu ihnen. Und bei dem Spiel stoßen ihn die Jungen in die Augen; dadurch gerät er in Zorn und tötet sie. Danach reißt er seine Federn aus und trauert sehr um seine Jungen und schlägt seine Brust oder seine Seite mit seinem Schnabel, bis das rosenfarbige Blut herausfließt; und damit bespritzt er seine Jungen und macht sie so wieder lebendig. Aber andere Wissenschaftler sagen, daß der Vogel sein Blut für seine Jungen vergießt, wenn sie von einer Schlange verletzt werden, die ihnen nachstellt.

Es gibt zwei Arten von Pelikanen: Die erste ist ein Wasservogel, der von Fischen lebt; die zweite ist ein Landvogel, der auf dem Land lebt und sich von Schlangen ernährt. Der Pelikan lebt von der Milch des Krokodils und wird dadurch ernährt. Was aber ein Krokodil ist, das wird später kund, wenn wir von den Meeresungeheuern sprechen. Dieses Tier, das Krokodil, hat nämlich eine solche Menge von Milch, daß es sie an den Stellen herauswirft, wo ein Sumpf oder Morast ist; deshalb folgt ihm der Pelikan ständig nach. Einige Wissenschaftler sagen, daß er deshalb auf Latein *pellicanus* heißt, weil seine Haut, wenn man sie von seinem Fleisch abzieht, einen Ton von sich gibt, so als ob sie singe; nach dieser Eigentümlichkeit könnte man den Vogel auf Deutsch auch einen Fellsänger nennen. Der Vogel ist mager, denn, wie die Wissenschaftler sagen, was er an Nahrung in seine Gedärme aufnimmt, das geht unverdaut aus ihm heraus, und deshalb hat er wenig Fett und wird durch ein bißchen Flüssigkeit aus seiner Nahrung ernährt. Unter dem Pelikan verstehe ich unseren Herrn Jesus Christus. Der kam von dem höchsten Thron des Himmels in unser Elend, um mit uns fröhlich zu sein. Wie fröhlich sein? Wahrhaftig, durch große Wunderzeichen, die er durch die Person des Moses im Land Ägypten in dem Roten Meer und in der Wüste wirkte, und durch die Wunderzeichen, die er durch andere Kunst wirkte. Bei den Werken Gottes stießen ihm die Vorväter gegen die Augen, das sind die übernatürlichen Werke, die Gott allein vollbringen kann. Wie denn? Wahrhaftig, da verschmähten sie ihn mit seinen großen Werken und beteten ein aus Silber gemachtes Kalb an und sündigten auch durch andere schwere Sünden vorher und nachher bis zu der Zeit, als Gott Mensch wurde. In dieser Zeit wurden die Kinder des edlen Pelikans, das heißt Gottes, von ihm totgeschlagen, so daß sie für immer in dem Fegefeuer leiden mußten, wie sehr sie auch ihre Sünden bereuten, bis der Pelikan, Christus, Gottes eingeborener Sohn, durch den reinen, keuschen Tau der zarten Rose Mariae Mensch wurde und seinen

Körper in seinem Martyrium mit dem Fluß seines rosenfarbigen Blutes öffnete. Dies währte von dem einen über den anderen bis zum dritten Tag, als er von dem menschlichen Tod auferstand. Auf diese Weise erweckte er seine Jungen von dem ewigen Tod. Es gibt zwei Arten von Pelikanen: Die eine ist ein Wasservogel und lebt nur von dem Wasser der Weisheit, das ist die göttliche Gnade, die aus der allmächtigen Quelle Gottes fließt; und er lebt von den Fischen, die im Wasser schwimmen, das sind die heiligen Lehrer der göttlichen Schrift. Diese Wasservögel sind die heiligen Lehrer, die erleuchtet werden sowohl durch den heiligen Geist als auch durch die göttliche Schrift, die Gottes Stelle auf der Erde vertreten und seine wahren Statthalter sind, zu binden und zu lösen, wie die Geistlichen, die löbliche Priester sind. Der andere Pelikan ist ein Landvogel und ernährt sich von Schlangen. Das ist die weltliche Ritterschaft, die auf dem Land des weltlichen Daseins lebt und sich von Schlangen ernährt, das heißt von dem Reichtum und den Abgaben dieser weltlichen Herrlichkeit. Unter den beiden Pelikanen verstehen wir die zwei Schwerter der heiligen Christenheit, das göttliche und das weltliche.[14]

[14] Das göttliche und das weltliche Schwert – die Zweischwerterlehre der mittelalterlichen Anschauung über das Verhältnis zwischen Staat (Kaiser/König) und Kirche (Papst) fand ihre radikale Fassung durch Papst Bonifaz VIII. in der Bulle Unam Sanctam (1322). Danach besitzt die Kirche das geistliche wie auch das weltliche Schwert,

Jedoch steht das geistliche weit über dem weltlichen, so wie die Seele des Menschen über dem Körper und die Sonne über dem Mond steht.

Von dem Pfau

PAVO heißt ein Pfau. Das ist ein sehr schöner Vogel und ein Freund aller Schönheit und Reinlichkeit, wie Aristoteles sagt. Der Vogel hat einen langen, mit Augen besetzten Schwanz und hat ein Herz von der Farbe des Saphirs, denn er ist an der Brust blau gefärbt und am Hals glänzend, so wie ein echter Saphir aus dem Orient. Der Vogel hat die Eigenschaft, daß er mit seinem Geschrei alle giftigen Tiere vertreibt, denn sie getrauen sich nicht, an den Stellen zu bleiben, wo sie seine Stimme hören. Er hat eine Grausen erregende Stimme und einen unauffälligen Gang wie ein Dieb.
Augustinus sagt, daß das Fleisch des toten Pfaus ein ganzes Jahr frisch bleibe und nicht faule, wie er in dem Buch vom Gottesstaat sagt. Er sagt auch, daß das Fleisch des Pfaus nie faul werde. Jacobus sagt, wenn man den Pfau ansieht und ihn lobt, dann spreize er seinen Schwanz in der

das heißt die Herrschaft sowohl über den geistlichen als auch über den weltlichen Bereich. Während sie das geistliche Schwert selbst führt, überträgt sie das weltliche den Fürsten, die es in ihrem Auftrag und nach ihren Weisungen zu führen haben

Form eines Halbkreises und zeige die Schönheit seines Schwanzes besonders gegen die Sonne, denn dann leuchte seine Farbe am hellsten und schönsten. Wenn der Pfau seinen Schwanz gegen die Sonne gestreckt hat und seine mißgestalteten Füße ansieht, dann senkt er seinen Schwanz wieder auf die Erde. So sagt das Buch von der Eigenschaft der Dinge. Der Pfau verliert jedes Jahr seinen Schwanz und mausert sich; und während dieser Zeit sitzt er unter einem Baum oder in einem Schatten und schämt sich sehr, bis ihm die Federn wieder gewachsen sind. Doch die zahmen laufen an das Licht, wie nackt sie auch sind. Plinius sagt, wenn der Pfau die bunten Federn verliere, dann ergreife ihn Trauer und er werde zeugungsunfähig. Wenn der Pfau in der Dunkelheit erwacht und sich nicht sehen kann, dann erschrickt er und schreit laut, denn er glaubt, er habe seine Schönheit verloren. Das Männchen zerbricht die Eier des Weibchens durch die große Gier, die er nach ihr hat. Deshalb legt das Weibchen seine Eier an einer verborgenen Stelle. Wenn der Pfau hoch aufsteigt, dann ist das ein Anzeichen für kommenden Regen. Aristoteles sagt, daß der Pfau so boshaft sei, daß er seine eigenen Jungen nicht ansehen will, bis sie die Krone auf dem Kopf haben und ihm gleich werden.

Unter dem Pfau verstehe ich jeden frommen Prälaten; der ist sehr schön und rein an aller geistlichen Würde und an frommen Werken. Er hat einen langen, mit Augen besetzten Schwanz, das heißt, er hat viele kluge Untergebene, wie ein Bischof Pröbste, Dechanten und andere niedere Prälaten unter sich hat; die sind seine Augen, um alles das zu sehen und zu bestrafen, wo er selbst nicht hingelangen kann. Und als ein Beweis und äußeres Zeichen dafür trägt man ihnen in den welschen Ländern[15] ihr langes Pallium nach. Die Pfauen haben saphirblaue Brüste und Hälse, das ist der beständige Glaube und das beständige Tun, denn die blaue Farbe ist allgemein ein Sinnbild für Beständigkeit, denn sie ist eine echte Himmelsfarbe. Der Bischof soll in seinem Bistum alle giftigen Tiere, das sind Ketzer, Wucherer und alle verbrecherischen Laien und Geistlichen, mit seinem Geschrei, das heißt mit geistlichen Strafen und wenn notwendig, auch mit dem weltlichen Schwert, vertreiben. Er soll auch sittsam gehen und wie ein Dieb schleichen, das heißt, er soll ohne zu eifern und mit klugem Abwägen das Böse und das Gute erforschen und dann richten. Das Fleisch des Pfaus wird nie faul, denn wie die Schrift[16] sagt, wer ein Gelehrter ist und die Leute zur frommen Lebensführung anleitet, der leuchtet am Jüngsten Tag wie der Glanz des hellen Himmels und wie der Schein der strahlenden Sonne in der Ewigkeit. Wenn man das Haupt der frommen Lebensführung in seinen gerechten Werken ansieht, so daß

[15] welsche Länder – die romanischen Länder, speziell Italien

[16] die Schrift – die Heilige Schrift

ihm seine Untertanen folgen, dann spreizt er seinen Schwanz (das sind die guten Werke) und lockt seine Untertanen ständig in das ewige Leben. Aber wenn der Pfau, das ist der Bischof, seine eigenen Füße ansieht (das sind seine schlechten Ratgeber), dann senkt er seinen schönen Schwanz auf die Erde, daß heißt, er verschmäht seine guten Geistlichen, die ihn zu allen guten Dingen hinlenken. Der Pfau mausert sich jedes Jahr, so daß er die Federn seiner heiligen Lehre unter seinen Geistlichen ausstreut und sie bestraft. Und wenn er seine Lehre in der Dunkelheit sieht, und daß sie nicht fruchtbar scheint, dann schreit er mit seinen geistlichen Strafen. Wenn der Pfau (das ist der Bischof) hoch hinaufklettert, das heißt, wenn er seine Strafen verschärft, das ist ein Anzeichen für künftigen Regen, das heißt künftige Strafe Gottes. Denn Christus gab Sankt Peter die Gewalt: Was du auf Erden bindest, das ist im Himmel gebunden, und was du auf Erden löst, das ist im Himmel gelöst. Der Pfau (das ist der Bischof) liebt seine Kinder nicht, bis sie ihm gleich geworden sind an Gehorsam und an allen guten Dingen. Ich fürchte aber leider, daß aus den Pfauen oft Raben werden. Dessen muß sich Gott erbarmen!

Von der Nachtigall

PHYLOMENA heißt eine Nachtigall. Die hat so viel Freude an ihrem Gesang, daß sie selten frißt. Aber wenn sie frißt, dann tut sie das sehr schnell und geht dann wieder zum Singen über. Sie singt nur im Frühling, das heißt in der Zeit von dem Sankt Peterstag, als er auf den Stuhl gesetzt wurde, bis zum Sankt Urbanstag und danach die eigentliche Sommerzeit; aber im Winter singt sie nie. Sie singt sehr eifrig und sehr fröhlich und so sehr über ihre Kraft hinaus, daß sie todkrank wird und sterben muß; aber sie wählt lieber den Tod, als daß sie von ihrem Gesang abläßt. Deshalb heißt sie in griechischer Sprache *phylomena*, das heißt soviel wie *eine die vor Liebe dahinschwindet*, denn sie schwindet dahin und nimmt ab bis zum Tod durch ihre wahrhaftige Liebe zu ihrem Gesang.

Du sollst auch wissen, daß die Nachtigall, wenn sie sich gepaart hat, sogleich ihre halbe Stimme verliert, wie Plinius sagt: und sie bekommt eine andere Stimme und verändert auch ihre Farbe. Das Nachtigallenmännchen paart sich manchmal auch mit dem Sperlingsweibchen und läßt sich von ihm drücken. Ach, wollte Gott, daß ich das nicht von dem lieblichen Vogel wüßte! Die Nachtigall hat eine sehr dünne Zunge; kein anderer Vogel hat eine so dünne Zunge.

Unter der Nachtigall verstehe ich die wahren Schriftgelehrten, die Tag und Nacht mit übergroßer Begierde die Schrift lesen und mit solchem Eifer neue Unterweisungen ersinnen, daß dadurch ihre Körperkraft abnimmt und ihr Gesicht bleich wird. Wenn die Unkeuschheit treiben und sie die Sperlingsweibchen dieser Welt drücken, das sind die unkeuschen Frauen, dann verändern sie ihre Stimme der guten Lehre und verlieren ihre Farbe sowohl in körperlicher als auch in geistiger Hinsicht.

Von dem Sittich

PSITACUS heißt ein Sittich. Das ist ein Vogel im Land Indien, wie Jacobus und Solinus sagen. Er ist von grüner Farbe, aber um den Hals ist er rot und fast goldfarben. Er hat eine große, breite Zunge und deshalb bringt er auch einzelne Worte wie ein Mensch hervor, und zwar so vollkommen, daß man, wenn man ihn nicht sähe, glauben würde, es sei ein Mensch. Er grüßt den Menschen und sagt: *Ave chere*, das heißt in welscher Sprache: Gott grüßt dich, Lieber; oder er grüßt mit anderen Worten, je nachdem, wie er es gelernt hat. Jedoch lernt er das meiste in dem ersten oder zweiten Jahr und behält die Worte am längsten. Der Schnabel des Vogels ist so hart, daß er sich damit von einem harten Stein wegdrücken kann, wenn man ihn darauf wirft. Er hat auch einen so harten Kopf, daß ihn die Leute mit eisernen Ruten schlagen müssen, wenn sie ihn zwingen wollen, menschliche Sprache zu lernen. Er nimmt seine Nahrung mit seinem Fuß wie ein Mensch mit seiner Hand auf. Er nistet auf dem Berg Gelboe,[17] weil es da niemals regnet, denn er kann Regen nicht ertragen; obwohl er anderes Wasser ertragen kann, stirbt er durch Regenwasser. Er gibt sorgfältig auf seinen Schwanz acht. Die alleredelsten haben jeweils fünf Zehen an den Füßen, aber die nicht edlen haben nur drei Zehen. Aristoteles sagt, daß der Sittich gerne Wein trinke und ein sehr unkeuscher Vogel sei; das ist kein Wunder, denn der Wein ist eine Ursache der Unkeuschheit. Aristoteles sagt auch, daß der Vogel, wenn er von dem Wein trunken ist, gerne Jungfrauen ansehe und sich an ihrem Anblick erfreue.

Von dem Strauß

STRUCIO heißt ein Strauß, und er heißt in griechischer Sprache *assida* und heißt auch *camelon*, weil er gespaltene Füße wie ein Kamel hat. Der Vogel hat folgende Eigenart: Wenn die Zeit kommt, daß er Eier legt, dann richtet er seine Augen zum Himmel auf und schaut, ob der Stern aufgegangen ist, der Virgilia heißt. Er legt nämlich seine Eier nicht eher, als bis der Stern aufge-

17 Berg Gelboe – das Gebirge Gilboa im alten Palästina; auf diesem Gebirge fanden Saul und Jonathan den Tod (Samuel 31,1 ff.). In seiner Totenklage auf Saul und seinen Sohn Jonathan singt König David u.a. (2. Samuel, 21): »Ihr Berge in Gilboa, kein Tau und kein Regen fällt auf euch . . .«

gangen ist, weil dieser Stern im Sommer in dem Heumonat, der auf Latein Julius heißt, aufgeht und dann das Erdreich warm ist. In dieser Zeit legt der Strauß seine Eier und verbirgt sie in dem warmen Sand und geht weg und vergißt die Eier an der Stelle und kommt nicht wieder zu den Eiern, denn er ist von Natur ein sehr vergeßlicher Vogel. Deshalb legt er seine Eier in der warmen Jahreszeit, damit ihm das warme und ruhige Wetter das bewirke und auch hervorbringe, was er selbst auf seinen Eiern sitzend ausbrüten sollte. Wenn daher die Eier von der Sonne in dem Sand erwärmt werden, so schlüpfen die jungen Straußenkinder daraus, und die Alten füttern sie dann.

Der Strauß hat Federn von der Farbe eines Habichts oder eines Falken, aber er ist zum Fliegen zu träge. Er frißt Eisen und verdaut es, denn er ist von sehr heißer Natur. Er haßt die Pferde von Natur aus und schädigt sie, wo er kann. Deshalb fürchten ihn die Pferde sehr und haben eine so große Abneigung gegen ihn, daß sie ihn nicht anzusehen wagen. Der Strauß läuft auf der Erde so schnell, daß er einem Pferd davonläuft, und wenn er geht, dann hebt er die Flügel hoch. Plinius sagt, daß die Straußenfedern sehr dünn seien. Sie haben an ihren Augen auch Augenbrauen. Sie haben auch gespaltene Klauen an ihren Füßen; mit denen ergreifen sie einen Stein, wenn man sie jagt, und bewerfen die Jäger damit. Sie sind so töricht, daß sie nur ihren Kopf in einem Strauch verbergen und meinen, sie hätten sich gänzlich verborgen, so wie es der Fasan macht. Man sagt auch, daß der Strauß mit dem einen Auge zum Himmel sehe und mit dem anderen zur Erde. Er hat auch einen sehr großen und starken Knochen in der Brust, so wie ein Schild. Das hat ihm die Natur als Schutz für seinen großen Körper gegeben, denn er ist fast so groß wie ein mittelgroßer Esel. Plinius sagt, daß der Strauß von Natur kahl und nackt werde; aber er hat eine so dicke Haut, daß er nicht friert, wenn er von seinen Federn entblößt wird.

Von dem Klagvogel

ULULA heißt ein Klagvogel, denn wie Isidorus sagt, wenn er ruft oder schreit, so tut er das, als ob er weine oder klage. Sein Rufen bedeutet Unglück, sein Schweigen aber bedeutet Glück. Das sagen die Vogelkundigen, die auf Latein *augures* heißen, das sind diejenigen, die sich anmaßen, Zukünftiges aufgrund des Schnatterns und des Gesangs der Vögel vorherzusagen. Aber es ist oft falsch und geht fehl. Unter dem Vogel verstehe ich die strengen Strafer, die in keinem Scherz und keiner Tat der Leute etwas Gutes sehen, sondern immer nur etwas ganz Schlechtes.

Von dem Geier

VULTUR heißt ein Geier. Dessen Federn haben die Eigenart, daß man, wenn man sie verbrennt, mit ihrem Geruch die Schlangen vertreiben kann, wie Plinius sagt. Er sagt auch, daß der Mensch, der das Herz eines Geiers an seiner Seite trage, sicher vor den bösen Tieren und vor den Schlangen und anderem Gewürm sei. Die Geier wittern das Aas weit über das Meer, genauso wie es der Adler tut. Isidorus sagt, der Geier gehe zuerst die Augen des Kadavers an. Er folgt den Kriegszügen, um sich mit Aas vollzufressen und freut sich über Kampf und Streit. Der Geier hat die Eigenart, daß er, wenn er ausgewachsen ist und sieht, daß seine Mutter schwach ist und nicht gut fliegen kann, seine Mutter tötet. Er hat auch die Eigenart, daß er, wenn ein anderer Vogel, der sogar viel stärker als er ist, seinen Jungen Schaden zufügen will, sein Leben für die Jungen aufs Spiel setzt und mit den Flügeln schlägt und mit den Krallen verwundet. Die Mutter gewährt den Jungen Unterkunft, wo sie geboren sind, so lange, bis sie flügge sind. Das tut sie wegen der Nahrung, denn ein Vogelpaar, das ist ein Männchen und ein Weibchen, brauchen ein großes Revier für ihre Nahrung. Sie jagen auch nicht an den Stellen, die nahe bei ihrem Nest sind, damit die Leute, die ihre Nachbarn sind, nicht zornig gegen sie werden. Wenn der Geier jagt, dann trägt er die Beute nicht gleich weg, sondern er prüft zuvor, wie schwer

sie ist; kann er die Beute tragen, dann trägt er sie weg. Rabanus sagt, daß einige Geier ohne sich zu paaren zeugen können, also daß sich das Männchen mit dem Weibchen weder vereint noch kopuliert; und ihre Jungen leben hundert Jahre. Plinius sagt, daß der Geier vom Mittag bis zur Nacht jage und dann vom Morgen bis zum Mittag ruhe, also keine Jagd auf Beute mache.
Wenn er alt wird, dann wächst ihm der obere Teil des Schnabels über den unteren, so daß er den Schnabel nicht mehr öffnen kann; und daher muß er an Hunger sterben, denn er wetzt seinen Schnabel nicht an Steinen, wie es der Adler tut; so kann er sein Unglück nicht loswerden und deshalb muß er sterben. Einige sagen, wenn der Geier wisse, daß er sterben müsse, dann verschlinge er sein eigenes Gehirn, damit die Leute keinen Nutzen davon haben, denn es ist gut gegen die Lähmung. Wenn er sieht, daß eines seiner Jungen fett und dann auch faul ist, dann hackt er mit dem Schnabel ihm unten die Füße auf, damit es wieder mager wird. Er kämpft mit dem Greiffalken oder mit dem gemeinen Falken und stürzt sich auf ihn. Aber der Falke ist zu gewandt und schnell für ihn, und deshalb entkommt er dem Geier, wenn der ihn schlagen will, so daß der Geier nicht abbremsen kann und sich zu Tode stürzt. Da er jegliches Aas und alle Vögel angreift, fürchtet er keine Schlingen und keine Fangeisen. Ambrosius sagt, daß der Geier den Tod eines Menschen aufgrund verschiedener Anzeichen vorher wahrnehme. Wenn ein

Heer gegen ein anderes kämpfen will, dann folgen ihm die Geier, als ob sie anzeigen wollten, daß viele Leute erschlagen würden. Aber ich glaube, daß sie das aus Gewohnheit tun, weil die alten Vögel das schon vorher gesehen haben, oder sie müssen diese Eigenart durch eine Laune der Natur haben, da es viele andere Tiere gibt, die künftige Dinge anzeigen.

Unter den Geiern verstehe ich die habgierigen Schurken und Genußsüchtigen, sie seien Laien oder Geistliche, die sich über das Unglück anderer Leute freuen, damit sie selbst voll werden.

Meerwunder

Meerwunder

Jetzt ist die Zeit, daß wir von den merkwürdigen Meertieren reden. Unter denen verstehen wir oft auch das Schlechte an dem Menschen, denn obwohl der Mensch von Natur vortrefflicher als irgendein anderes Tier ist, so macht er sich, wenn er nicht nach menschlicher Art und nach der Vernunft leben will, minderwertiger als irgendein anderes Tier und lebt hinsichtlich einiger Gewohnheiten wie ein Pferd, hinsichtlich einiger anderer wie ein Hund oder ein Vogel. Deshalb brauchen wir nicht aus dem Land zu laufen, um Meerwunder zu sehen: wir haben ihrer bei uns genug.

Von dem Meerfraß

ACHIME kann man auf deutsch einen Meerfraß nennen. Das Tier ist ein Meerungeheuer, wie Aristoteles sagt, und ist gefräßiger als irgendein anderes Meertier. Er ernährt sich als Räuber in dem Meer, und was er frißt, das verwandelt sich alles zu Fett an seinem Körper. Das Tier hat keinen Magen und deshalb wird sein Bauch aufgebläht, wenn es etwas frißt; und wenn es seinen Leib nicht weiter ausdehnen kann, dann wirft das Tier die Fische aus dem Maul heraus. Das tut es ohne jegliche Mühe, denn sein Maul ist nahe an dem Körper, da es keinen Hals hat; den haben auch die anderen Meertiere nicht, denn

kein Fisch hat einen Hals. Aristoteles sagt, daß der Meerfraß die Eigenheit habe, daß er sich wie ein Igel zusammenrollt, wenn man ihn fangen will; und wenn er fühlt, daß er nicht mehr entkommen kann, wenn er sich wieder ausrollt, dann frißt er sein eigenes Fleisch, wenn ihn der Hunger stark quält, und es ist ihm lieber, daß er ein Stück von sich selbst verzehrt, als daß ihn die Meertiere verzehren, die ihn fangen wollen.
Unter dem Tier verstehe ich die habgierigen Amtleute, Richter, Gerichtsboten und andere Räuber, die nie voll werden, bis ihnen die Fische aus den Mündern herausfallen, das heißt, wenn ihre Schlechtigkeit so offenkundig wird, daß sie ihre Schlechtigkeit selbst bekennen müssen. Wenn ihre Herren sie dann verfolgen und sie deshalb vernichten wollen, dann ziehen sie sich zusammen und essen ein Stück von sich selbst, ehe sie zugrunde gehen, das heißt, sie geben lieber ihr Vermögen oder einen Teil davon her, als daß sie den Kopf verlören.

Von dem Krokodil

COCODRILLUS heißt ein Krokodil. Das ist ein vierfüßiges Tier und lebt sowohl auf dem Land als auch im Wasser, wie Jacobus und Solinus sagen. Das Tier ruht oft am Tag auf dem Land und liegt so ruhig, daß man glaubt, es sei tot, wenn man nicht seine Verhaltensweise kennt. Und es liegt mit offenem Maul da, bis die Vögel auf ihm niedergehen, in der Meinung, es sei ein Aas; dann verschlingt es sie. Es hat keine Zunge und hat ein weit und bis an die Ohren aufklappbares Maul. Es bewegt nur den Oberkiefer und den Unterkiefer nicht. Es hat auch sehr scharfe Klauen, mit denen es sich wehrt. Das Tier frißt im Winter nicht; und wenn es einen Menschen getötet hat, dann beweint es ihn. Wenn man ihm das Herz aus seinem Körper herausreißt, dann lebt es noch lange Zeit danach; das tun andere Tiere nicht.

Unter diesem Tier versteht man den Wucherer, der die armen Kaufleute zum Abschluß von Wechsel- und anderen Geschäften in sein Haus einlädt und sie zum Schluß ganz verschlingt.

Von dem Meerdrachen

DRACO MARIS heißt ein Meerdrache. Das ist ein schreckliches Meertier und ist so lang und so groß wie ein richtiger Drache, außer daß er keine Flügel hat. Der Meerdrache hat einen knotigen Schwanz und im Verhältnis zu seiner Größe einen kleinen Kopf. Sein Biß ist sowohl für die Menschen als auch für die Fische im Meer giftig. Anstelle von Flügeln hat er breite Flossen, mit denen er im Wasser sehr schnell und weit schwimmt. Aber die Schnelligkeit kommt mehr von seiner Stärke und Kraft als von den Flossen. Die Asche seiner verbrannten Knochen ist gegen Zahnschmerzen gut.

Unter dem Tier verstehe ich einen Betrüger und Verräter und die ungetreuen Kriegsknechte, denn sie machen überall in die Kapuzen und die Gewänder Knoten und fressen die armen Leute und werden nie ein Freund der armen Handarbeiter.

Von dem Delphin

DELPHINUS heißt ein Delphin. Dieses Meertier hat kein Maul an der Stelle, wo andere Tiere es haben, denn es hat sein Maul entgegen der Art der Wassertiere unten am Bauch. Solinus sagt, daß sie ihre Zunge hin und her bewegen und daß sie eine spitz zulaufende Zunge haben, die scharf ist, die sich scharf und rauh anfühlt und viele kleine Erhöhungen hat. Wenn die Delphine zornig werden, erstarrt ihre Zunge und kommt aus ihren Mäulern hervor; aber wenn sie sich wieder beruhigen, dann wird die Zunge wieder an ihrem eigentlichen Ort eingeschlossen. Das Riechorgan der Delphine ist sehr versteckt, so daß man nicht sehen kann, womit sie riechen, denn sie haben keine Nase. Aber sie können sehr gut und genau riechen. Ein Wissenschaftler sagt, daß der Delphin hundertundvierzig Jahre mit abgehauenem Schwanz lebt. Sie hören sehr gerne lieblichen Gesang und Saitenspiel. Sie sind sehr schnell und haben keine Galle, wie Aristoteles sagt. Ein Wissenschaftler sagt auch, wenn ein Mensch, der das Fleisch eines Delphins gegessen hat, in das Meer fällt und die Delphine ihn bemerken, dann fressen sie ihn sofort. Wenn der Mensch aber kein Fleisch von dem Delphin ißt, dann tragen sie ihn aus dem Wasser an das Land und beschützen ihn vor den anderen Meertieren. Es geschah auch einmal, wie Albertus sagt, daß die Schiffer auf dem Meer einen Harfenspieler angriffen, der Arrio hieß, und ihn ertränken wollten. Da bat dieser Harfenspieler die Schiffer, daß sie ihn ein bißchen auf der Harfe spielen ließen. Das geschah. Danach warfen sie den Harfenspieler in das Meer. Da kamen die Delphine und einer nahm ihn auf seinen Rücken und trug ihn heraus an das Gestade.

Wenn ein Delphin gefangen wird, dann beweinen ihn die anderen, wie Plinius sagt, und wird er getötet, dann begraben ihn die anderen. Albertus sagt auch, daß sich ein merkwürdiges Geschehen zu der Zeit ereignete, als Kaiser Augustus lebte, denn da war ein Kind in dem Land Kampanien, das zwischen Rom und Neapel liegt. Dieses Kind lief stets an das Meer, wenn die Mutter ihm ein Stück Brot gab, und machte sich einen Delphin so zutraulich, daß er aus dem Wasser auf den Strand kam, und fütterte ihn schließlich mit seiner Hand. Nun setzte sich das Kind eines Tages auf den Rücken des Delphins; da trug er es viele Male auf das Meer hinaus und wieder an Land zurück. Als er nun das Kind eines Tages tot fand, das sein Spielgeselle gewesen war, da starb er aus hartem Kummer, was viele Leute sagen. Nun sagen einige, daß diese wunderlichen Dinge Lügen seien, und hören sich doch die größten Lügen von Riesen und Recken an, die ich je gehört habe. Und weil sie die wunderlichen Dinge nicht gesehen haben, glauben sie die nicht. Was soll ich mit denen? Ich schreibe, was ich weiß, für wen ich will und für den, der es hören will.

Von dem Wasserpferd

EQUUS FLUMINIS heißt ein Wasserpferd. Das ist ein Meerwunder im Orient, wie Aristoteles sagt. Das hat eine sehr merkwürdige Gestalt und fühlt sich gleichermaßen in dem Meer wie auf dem Land wohl. Das Tier hat Haare wie ein Pferd und gespaltene Füße und breite Hufe wie ein Rind. Es hat einen hochaufgereckten Kopf und einen Sterz oder Schwanz wie ein Pferd. Seine Haut ist dick und hart, seine Eingeweide sind wie die eines richtigen Pferdes. Es ist so groß wie ein Esel. Daraus mache, was du willst.

Von dem Meerrind

FOCA heißt ein Meerrind, wie der Wissenschaftler sagt. Das ist ein sehr starkes Tier und ändert seinen Aufenthalt nicht gerne; es lebt ständig an dem Ort, wo es die Natur geschaffen hat. Es ist ein sehr kühnes Tier und sehr grimmig, aber nicht gegenüber fremden Tieren, sondern nur gegen seine Hausgenossen, denn das Männchen kämpft ständig mit seinem Weibchen, bis er es tötet; dann wirft er es weg und nimmt eine andere. Der fügt er dasselbe zu und treibt das so lange, bis er selbst stirbt oder bis ihn sein Weibchen überwindet und den Ochsen tötet. Dann fressen ihn seine eigenen Jungen und werden schließlich so wie der Vater.

Unter dem Meerochsen verstehe ich einen jeden Eiferer, der zu Hause brummig wie ein Bär ist und weder mit seiner Frau noch mit seinem Gesinde in Eintracht lebt.

Von dem Meermönch

MONACHUS MARINUS heißt ein Meermönch. Das ist ein Meerwunder. Das hat einen Körper wie ein Fisch und ist oben wie ein Mensch und hat einen Kopf wie ein frisch geschorener Mönch. Oben auf dem Kopf hat er eine Tonsur, wie es zuerst der Stephan hatte; und er hat einen schwarzen Kranz um den Kopf oberhalb der Ohren, genauso wie der Haarkranz, den die richtigen Mönche haben. Das Meerwunder hat die Eigenart, daß es die Leute an dem Gestade des Meeres zu sich lockt und vor ihnen und nahe bei ihnen in dem Meer herumtollt. Und wenn es sieht, daß die Leute Spaß an seinem Spiel haben, dann freut es sich und tollt noch mehr auf dem Wasser, bis ihm ein Mensch zu nahe kommt, so daß es ihn in das Wasser ziehen kann; dann zieht

es ihn unter Wasser und frißt ihn. Es hat ein Gesicht wie ein menschliches Gesicht, denn es hat eine Nase wie ein Fisch und hat seinen Mund nahe bei der Nase.
Unter dem Tier verstehe ich die Blender, die andere Leute mit frommen Gebärden zu sich locken und sie in den Winkeln zu Schlechtigkeit und zum ewigen Tod ziehen. Aber ich fürchte, daß es von ihnen in unserer Zeit nur eins gibt, von dem ist jedoch die Welt überall voll.

Von den Meerfrauen

SIRENEN sind Meerwunder mit einer sehr schönen Stimme, wie Aristoteles sagt. Die kann man auf Deutsch Meerfrauen nennen, denn sie haben oben vom Kopf an bis unten zum Nabel die Gestalt einer Frau und haben einen schönen Wuchs und ein schreckliches Gesicht. Sie haben auch auf dem Kopf sehr langes und hartes Haar, wie es das Pferdehaar ist. Sie erscheinen oft auf dem Meer mit ihren Kindern; sie tragen sie auf den Armen, genauso wie die Frauen, denn sie haben sehr große Brüste oder Brustwarzen, mit denen sie die Kinder säugen. Der untere Teil des Tieres ist wie der untere Teil eines Adlers, so sagt Adelinus. Das Tier hat sehr scharfe Krallen an seinen Füßen, mit denen zerreißt es, was es ergreift. Es hat am Ende einen Schwanz mit Schuppen wie ein Fisch; mit dem bewegt es sich in dem Wasser fort. Es singt auch über die

Maßen lieblich. Jedoch ist seine Stimme nicht wie die des Menschen gebildet, sondern sie ist wortlos wie die Stimme der Vögel. Wenn die Schiffer die Stimme vernehmen, dann schlafen sie infolge der Lieblichkeit des Gesanges fest ein, und dann werden sie von den Meerwundern zerrissen. Deshalb verstopfen sich die Schiffer ihre Ohren, damit sie den Gesang nicht hören. Und wenn sie die Sirenen oder Meerfrauen sehen, dann haben sie große Angst vor ihnen.
Unter dem Tier verstehe ich die unzüchtigen Frauen, die ihre weibliche Sittsamkeit verleugnet haben; die verlocken manchen Mann zur Schlechtigkeit.

Fische

Von der Goldwolle

AUREUM VELLUS heißt eine Goldwolle. Die füttert und ernährt das Meer, wie Ambrosius sagt, und das Gestade an dem Meer gebiert die Wolle, die sehr ähnlich wie Gold beschaffen ist; deshalb heißt das Tier auch Goldwolle. Die Farbe der Wolle konnte noch nie ein Meister an andere Wolle bringen noch mit Kunstfertigkeit herstellen, wie gut er auch immer in der Färberkunst war. Einige sagen auch, daß die Wolle von der Art gewesen sei, um derentwillen viele und viele tausend Menschen vormals im Land der Trojer erschlagen wurden.[18] Unter der Goldwolle verstehe ich die himmlische Goldblume, ich meine die Mutter der Barmherzigkeit, die Gottesmutter Maria, in deren Schoß der göttliche Himmelstau mit den Gaben des heiligen Geistes herabtaute und uns Gottes eingeborenen Sohn in den Raum der keuschen Zelle Maria brachte. Die Farbe (das ist ihre Tugend und Heiligkeit) konnte noch nie ein Gelehrter mit Schriftwerken oder Dichtungen darstellen. Ach, oberste Kaiserin voller Gnaden, neige dich nur ein wenig, die Zeit ist da. Gedenke, daß du die Hoffnung und Zuflucht aller Sünder bist.

[18] Um derentwillen viele und viele tausend Menschen im Land der Trojer erschlagen wurden – Das goldene Vlies, das Fell des goldenen Widders, spielt in der griechischen Argonautensage eine Rolle und nicht in der vom Kampf um Troja handelnden Ilias, wie der Autor hier offensichtlich irrig meint

Von dem Walfisch

CETE heißt ein Walfisch. Der ist der größte unter den Fischen, wie Isidorus sagt. Er hat in der Jugend schwarze Zähne, die im Alter bei ihm weiß werden; und er hat einen Knochen an der Stirn. Einige Walfische sind so groß, daß sie wie Inseln oder Wälder erscheinen, wenn man sie von ferne sieht, oder sie erscheinen wie große Berge. Die Walfische bringen oft Sand auf ihren Rücken, und wenn die Schiffer durch die Gewalt eines Unwetters auf den Sand getrieben werden, dann glauben sie, es sei eine Insel und sie hätten Land gefunden. Darüber freuen sie sich und lassen ihr Segel nieder und senken ihren Anker in das Meer und entzünden ein Feuer auf dem Sand und wollen ruhen. Wenn dann der Walfisch das Feuer spürt, so gerät er in großen Zorn und taucht in dem Wasser unter und zieht sowohl das Schiff als auch die Leute mit sich unter das Wasser auf den Grund.

Obwohl er der größte von allen Fischen ist, hat er einen kleinen Schlund; und deshalb verschlingt er nur die kleinen Fische. Die lockt er zu sich mit seinem süßen Atem, der aus seinem Hals kommt, bis er sie verschluckt. Wenn man Walfische in einer Gruppe schwimmen sähe, würde man aus der Ferne meinen, daß ein mächtiger und sehr schneller Wasserschwall da fließe. Isidorus sagt: *Ich habe das selbst gesehen und staunte über die Weisheit Gottes.*

Wenn der Walfisch das dritte Jahr überschritten

hat, dann paart er sich mit seinem Weibchen, die auf Latein *balena* heißen, ohne Unterbrechung eine knappe Stunde lang. Und bei dem Paarungsakt verliert er seine Kraft, um sich in Zukunft nochmals zu paaren, so daß sein männliches Glied nutzlos wird. Und deshalb geht er dann in das ganz tiefe Meer und wird dort so groß, daß man ihn mit keiner menschlichen Kunstfertigkeit oder List fangen kann. Und er erscheint so groß, daß man, wenn man ihn sähe, glauben würde, es sei ein hoher Berg, so mächtig ragt er oft mit seiner gewaltigen Größe über das Wasser auf. Und deshalb kann man ihn nur fangen, wenn er unter drei Jahre alt ist. Wenn er aber Schalmeien und andere liebliche Klänge hört, so nähert er sich den Leuten, und auf diese Weise fängt man ihn. Der Samen des Fisches wird oben auf dem Wasser aufgefangen, denn wenn er begattet hat, dann schwimmt der Samen nach oben, den er abgegeben hat. Den fängt man dann auf und tut ihn in Fläschchen von der Art der Theriakfläschchen.[19] Das Walrat trinkt man nüchtern, denn es stärkt vorzüglich und kräftigt sehr; deshalb ist es sehr kostbar und teuer.

[19] Theriak war ursprünglich ein Mittel gegen Schlangenbiß, später ein mittelalterliches Allheilmittel

Von dem Ech

ECHINUS heißt ein Ech. Der Fisch ist einen halben Fuß lang, wie Jacobus und Isidorus sagen. Er ist so stark, daß er ein Schiff festhält, so daß es sich nicht mehr bewegen kann, mögen auch die Winde auf dem Meer und die Wogen peitschen. Wie hoch sich auch die Wasserfluten erheben mögen, das Schiff kann weder vor noch zurück, so als ob es auf Grund säße und da angewurzelt sei, und zwar nicht deshalb, weil das Fischchen es zurückzieht, sondern nur deshalb, weil das Fischchen daran hängt. Das sagen auch Ambrosius, Jacobus Aquensis, Aristoteles, Isidorus und der große Basilius. Nun sagt Albertus, daß man für diese große Merkwürdigkeit an dem kleinen Fisch keinen anderen Grund finden kann, als daß Gott uns durch seine Geschöpfe seine wunderbaren Werke mitteilen will und uns seine Wunder schauen läßt sowie deshalb, damit die Ketzer in Schmach und Schande gebracht werden, die nichts anderes glauben wollen, als den gewöhnlichen Gang der Natur.
Die Echen gehören zu der Familie der Krebse, wie Plinius sagt, denn sie haben auch Stacheln anstelle von Füßen. Den Fisch darf man nicht essen, denn man ißt sich den Tod daran. Denn wenn er gegessen wird, dann verändert er die Art der rechten, natürlichen Beschaffenheit des Menschen. Der Ech hält die Schiffe mitten auf dem Meer fest und kann sich doch selbst nicht festhalten; das muß er von dem Steinchen erbet-

teln, das er den Schiffern reichlich gibt. Wenn er dann ein heraufziehendes Unwetter sieht, so umfaßt er ein Steinchen, damit ihn die Schläge des Wassers nicht wegtreiben, und er hält doch ein großes Schiff fest, wie zuvor gesagt worden ist. Diese Fische haben ihre Mäuler mitten auf dem Leib und ihr Körper ist fast wie Glas, und sie haben die Gestalt eines Skorpions. Sie haben auch anstelle von Zähnen gefährliche und scharfe Stacheln im Maul. Ihre Eier sind bitter und sind fünf an der Zahl, wie Ambrosius und Aristoteles sagen. Ich bitte dich, mache es, wie es der Fisch bei einem Unwetter macht, und wenn du Leid zu ertragen hast, dann ergreife ein Steinchen, das heißt, rufe einen Heiligen an, der dich in deinem Leid stütze. Ich rate dir besonders zu unserer Frau, von der wird schnell Hilfe gewährt.

Von dem Gran

GRANUS heißt ein Gran. Das ist ein Meerfisch, wie Aristoteles sagt. Der Fisch hat entgegen der Natur aller anderen Tiere ein Auge oben auf dem Kopf. Mit dem Auge sieht er ständig über sich und schützt sich vor Schaden. Der Fisch bedeutet einer jener Spiegelschauer, der Tag und Nacht alle Dinge in dem Spiegel seiner Vernunft ansieht und betrachtet und Gott in seinen Werken und die Geschöpfe Gottes in der Güte Gottes sieht. Dieser kann wohl von sich selbst sagen:

meine Augen strahlen immer zu dem Herrn, das heißt: auf Gott sollen unsere Augen ohne Unterlaß gerichtet sein, denn er zieht unsere Füße aus der Schlinge des ewigen Todes.

Von der Muräne

MURENA heißt eine Muräne. Diese Fischart hat keine Männchen. Es sind alles Weibchen, wie Isidorus sagt, und sie werden von den Schlangen geschwängert. Denn wie Basilius sagt, lockt die Schlange die Muräne mit weichem Zischen aus dem Wasser und paart sich dann mit ihr. Und deshalb locken die Fischer sie mit Zischen aus dem Wasser und fangen sie. Ambrosius sagt, wenn die Schlange sich mit der Muräne paaren will, dann entledigt sie sich zuvor all ihres Giftes. Albertus sagt, daß man darunter verstehen soll, wie sanft und feingesittet der Mann gegenüber seiner Frau sein soll, denn ein Mann und seine Frau werden in dem Kind vereinigt, das die Frucht von ihnen beiden ist. Alexander sagt, daß die Muräne ihre Lebenskraft in dem Schwanz habe, denn wenn man ihr den Kopf zertrümmert, so lebt sie noch weiter; aber wenn man ihr den Schwanz abhackt, dann stirbt sie sofort. Die Muränen haben einen giftigen Biß. Man kann aber ihren Kopf zu Pulver zerstoßen; dieses Pulver ist gegen diesen Biß gut.

Von dem Megar

MEGARUS heißt ein Megar. Das ist ein Meerfisch, wie das Buch von den Dingen der Natur sagt, und ist zwei Handbreit lang. Er wird in den Ländern, wo man ihn fängt, gering geschätzt; aber wenn man ihn einsalzt und ihn in ferne Gegenden bringt, so wird er wertvoll, weil er eingesalzen ist. Der Fisch bedeutet diejenigen, die in ihrem Vaterland gering geschätzt werden. Denn wie Christus sagt, niemand ist ein willkommener Prophet in dem Land seines Vaters, die man doch in fremden Ländern sehr hoch schätzt und ihnen Achtung und große Ehre erweist. Solinus sagt, daß die Megarn nachts mit den Schnecken an den Strand gehen und den Himmelstau trinken, und durch die Perlen oder die feinen Tröpfchen werden sie schwanger. Den Tau nehmen die Schnecken zur Zeit der Frühmesse zu sich, weil die Perlen dann feiner und heller sind; der Tau, der zur Zeit der Frühmesse aufgefangen wird, ist nämlich heller als derjenige, der in der Nacht aufgefangen wird; und die Schnecke nimmt um so mehr von dem Tau zu sich, je feiner und größer die Perlen werden. Wenn auf die ungeschützten Schnecken ein Leuchten oder Blitzen eines Unwetters herabfällt, dann pressen sie sich zusammen und schwimmen in einer Gruppe zusammen, und der Kundigste schwimmt voran und führt die anderen.

Von dem Keinfisch

NULLUS ist ein Keinfisch. Der hat seinen Namen daher, weil er, wie Isidorus sagt, weich ist und ekelhaft schmeckt. Er macht die Menschen mißvergnügt und die Augen trüb; und die den Fisch oft essen, die riechen und stinken arg. Wer den Wein trinkt, in dem der Fisch getötet worden ist, dem wird der Wein zuwider, wie Rabanus sagt. Unter dem Fisch verstehe ich den Menschen, der weder für sich selbst noch für die Welt von Nutzen noch bei Gott angesehen ist.

Von dem Tribian

TREBIUS heißt ein Tribian. Das ist ein schwarzer Fisch, und er ist einen Fuß lang. Plinius sagt, er habe folgende Eigenschaft: Legt man ein Stück von ihm in Salz und bewahrt es darin auf, und fällt dann ein Goldstück in einen tiefen Brunnen, hält man das Stück des Fisches daran, so zieht es das Goldstück aus dem sehr tiefen Brunnen heraus.

Schlangen

Von der Ansibe

ANSIBENA oder *amphisibena* heißt eine Ansibe. Das ist eine Schlange, die zwei Köpfe hat, einen an der Stelle, wo gewöhnlich der Kopf sitzt, den anderen hinten am Schwanz oder auf dem Schwanz, und dieser Kopf bewirkt, daß die Schlange im Kreis läuft und sich hin und her bewegt. Die Schlange nennt Solinus in seinem Buch *amphis*, das bedeutet auf griechisch soviel wie *Zweifel*, denn es ist zweifelhaft, mit welchem Kopf die Schlange vorangehen will. Aristoteles berichtet von den Schlangen in den Ländern des Orients, die zwei Köpfe haben, und sagt, daß die beiden Köpfe ihre Ursache in einem Fehler der Natur im Mutterleib oder bei der Geburt hätten. Diese Schlangen besitzen zwei Köpfe und einen Körper, und beide Köpfe fressen in den einen Körper hinein. Sie kriechen auch schlängelnd mit beiden Köpfen gegen den Feind. Meister Jorach sagt in seinem Buch über die Tiere, daß die Schlange *amphisibena* so wachsam sei, daß ein Kopf stets schlafe und der andere wache, wenn sie ihre Eier bebrüte.

Von dem Unk

BASILISCUS heißt ein Unk. Der ist der König aller Schlangen, wie Jacobus sagt, denn *basiliscus* auf griechisch heißt auf deutsch *ein Königchen*. Der Unk ist ein besonders großes Übel auf der Erde.

Er ist einen halben Fuß lang und hat weiße Fleckchen auf dem Kopf, als ob er mit einer Krone geschmückt sei. Vor dem Unk fliehen alle Schlangen, und sie fürchten ihn, denn er tötet sie allein durch sein Anhauchen; aber die Leute tötet er nur durch seinen giftigen Anblick. Wenn er den Menschen zuerst anblickt, dann stirbt der Mensch; sieht aber der Mensch den Unk zuerst an, dann stirbt der Unk: das sagt Jacobus. Kein Vogel kann ohne Schaden an dem Unk vorbeikommen, denn wo der Unk lebt, da vergiftet er alsbald die Luft und richtet die Pflanzen zugrunde und vergiftet die Bäume und verdirbt sie. Er richtet die Schößlinge zugrunde und verpestet die Luft so stark, daß kein Vogel ohne Schaden hindurchfliegen kann. Er zerbricht die harten Steine nur mit seinem Atem, der aus seinem Hals kommt. Wenn er sich bewegt, dann hebt er sich nur in der Mitte hoch und richtet sich dort auf und verschlingt, was er mit seinem Biß berührt. Davor fliehen alle Tiere und Vögel. Sein Zischen fürchten alle anderen Schlangen, denn er tötet andere Tiere mit seinem Zischen. Jedoch überwältigt ihn das Wiesel; und deshalb nehmen kluge Leute Wiesel und schicken die in Höhlen, wo die Unken leben. Und wenn der Unk tot ist, dann sterben auch die Wiesel, wie Plinius sagt. Aber der Unk hat folgende Eigenschaft: Wo man die Asche eines verbrannten Unks hinschmiert, da mag keine Spinne ihr Netz weben und kein giftiges Tier leben, noch mögen da die Vögel brüten. Und das ist wahr: in welchem Teil

des Hauses etwas von ihm ist, da mag kein giftiges Tier hin. Man sagt auch, daß die Asche des verbrannten Unks die Eigenschaft habe, daß damit bestrichenes und zubereitetes Silber Goldfarbe annehme.
Es gibt eine Art von Unken, die fliegen. Aber sie kommen nicht aus dem Land, wo sie geboren werden. Es gibt auch eine Art von Unken, die aus einem Ei entstehen, das ein Hahn legt, der neun Jahre alt ist, wie die alten Meister sagen. Ich kenne auch einen guten Freund, der mit seinen Augen sah, wie ein gelehrter Mann einen Unk aus lauter Eidottern machte, die er in ein Becken in einer Kammer tat. Und da zog er ihn auf, so daß er ein Hühnchen wurde. Dann tat er oben in das Glas, in dem er den Unk hatte, Spinnen und Raupen; die töteten den Unk. Danach mahlte er ihn zu Pulver und bewirkte mit dem Pulver, was er wollte.

Von dem Cerasten

CERASTES heißt ein Cerast. Das ist eine Schlange, die neun oder acht Hörner auf dem Kopf hat, die wie die Hörner eines Widders aussehen. Die Schlange hat die Eigenart, daß sie sich vollständig in der Erde verbirgt, mit Ausnahme der Hörner, die sie über der Erde läßt. Und wenn sich die Spatzen und andere Vögel auf die Hörner setzen und sich darauf ausruhen, dann ergreift sie die Schlange und zerreißt sie. Die Schlange ist biegsamer als andere Schlangen und kann sich besser hin und her winden, weil sie nichts hat, wodurch sie unbiegsam wird. Wenn man das Horn der Schlange auf den Tisch reicher Leute stellt und Gift auf dem Tisch ist, dann schwitzt das Horn. Aus dem Horn macht man Messergriffe. Die Messer legte man früher zuerst auf den Tisch der Kaiser, um an dem Schwitzen der Messer festzustellen, ob eine Speise oder ein Getränk vergiftet sei.

Von dem Drachen

DRACO ist eines der größten Tiere, die es auf der Welt gibt, wie Jacobus und Augustinus sagen. Das Tier besitzt kein Gift. Der Drache hat auf dem Kopf eine Krone entsprechend seiner Körpergröße, so als ob er einen großen Kamm habe. Er hat ein kleines Maul und dünne Halsadern. Wenn er geht, dann streckt er seine Zunge aus dem Maul heraus. Er knurrt und gähnt mit dem Maul. Aber er tut mit den Zähnen keinen großen Schaden; jedoch verursacht sein Biß, wie ein Wissenschaftler sagt, großen Schaden, obwohl der Biß klein ist. Aber der große Schaden kommt nicht von den Zähnen, sondern er kommt davon, daß der Drache giftige Dinge frißt. Wen der Drache mit seinem Schwanz umschlingt, den tötet er, denn vor ihm ist selbst der große Elefant nicht sicher. Im Frühling übergibt und erbricht sich der Drache. Dieses Übel vertreibt der Drache mit Lattichsaft, wie Plinius sagt. Er lebt meistens in hohlen Bergen und besonders da, wo Felsklippen sind. Das tut er wegen der übergroßen Hitze seines Körpers und seiner Natur. Diese Plätze sucht er vor allem auf, wenn er geflogen ist, und manchmal auch wegen der großen Hitze, die in der Sommerzeit von der Sonne kommt, denn die Hitze ist sehr groß in den Ländern des Orients, wo der Drache lebt. Seine Stimme und sein Schreien erschreckt die Leute. Sein Anblick ist so grausig, daß die Leute es nicht ertragen können und sie manchmal dadurch sterben. Wenn der Drache ausgewachsen ist und seine gehörige Größe erreicht hat, dann lebt er lange Zeit, ohne zu fressen, wie Aristoteles sagt; wenn er aber frißt, dann wird er nicht leicht satt. Augustinus sagt, daß der Drache in tiefen Erdschluchten lebe, und wenn er ein Unwetter bemerke, dann laufe er manchmal heraus und fliege sehr hoch in die Luft und zerteile die Luft mit seinen sehr großen Flügeln und treibe die Luft von einem Teil zum anderen. Seine Flügel sind Häute, so als ob eine große Haut in der Art aufgespannt sei, wie die Fledermaus entsprechend ihrer Gestalt Flügel hat; aber die Flügel des Drachen sind im Verhältnis zu seinem Körper sehr groß. Wo er lebt, verunreinigt er die Luft mit seinem Atem, denn sein aus dem Hals kommendes Anhauchen oder Anblasen ist tödlich; damit verursacht er todbringende Krankheit. Es gibt auch eine Art von Drachen, die hat keine Füße und kriecht auf der Brust über die Erde, und eine

andere Art von Drachen, die hat Füße; die ist aber selten.
Adelinus sagt, daß man aus seinem Gehirn einen Stein schneide, der *draconica* oder *draconides* und auf deutsch Drachenstein heißt . . . Aber der Stein hat keine vortreffliche Eigenschaft, wenn man ihn nicht aus dem Gehirn des lebenden Drachen zieht. Man versetzt ihnen nämlich unversehens und unerwartet einen Schlag, wenn sie in der Sommerzeit an der Sonne ruhen, und durchschlägt ihren Kopf und zieht den Stein heraus, wenn sie noch mächtig zappeln. Die in Wein gekochte Zunge und Galle des Drachen ist eine gute Arznei für diejenigen, die von den bösen Geistern geplagt werden, wenn man ihren Körper damit einreibt. Das Fleisch des Drachen hat die Farbe von Glas und kühlt die Speise; und deshalb essen die Mohren es in der sehr großen Hitze, die sie in ihrem Land haben, denn das Fleisch ist von kalter Natur. Der Drache wird bei seinem Flug sehr erhitzt, und danach ist er begierig darauf, sich mit dem Blut des Elefanten wieder zu erfrischen, denn dessen Blut kühlt sehr stark.
Der Drache fürchtet den Schall des Donners und das Blitzen mehr als irgendein anderes Tier. Wenn er daher den Donner hört, dann flüchtet er in die Höhle; und das ist richtig so, denn der Donner schadet ihm mehr als irgendeinem anderen Tier, wie Plinius sagt. Aber der Donner schadet dem Adler am allerwenigsten und schadet auch dem Lorbeerbaum nicht. Der Drache

wird zwanzig Daumellen[20] groß, so daß er einen Reiter sehr weit auf sich trägt; wenn er aber müde wird, dann taucht er mit seiner Last in das Meer ein. Wenn man ihn verjagen oder ängstigen will, dann nimmt man eine mit Luft gefüllte Blase und schlägt damit auf Korallenzweige; den Ton oder das Klappern fürchtet er und flieht und wird gehorsam.

Von der Wasserschlange

YDROS heißt eine Wasserschlange, denn *ydor* heißt auf griechisch *Wasser*; daher kommt das Wort *ydros*. Die Schlange lebt gerne in dem Gewässer, das Nil heißt, wie Isidorus sagt; das ist ein Fluß im Land Ägypten. Wenn die Schlange das Tier, das *cocodrillus* heißt und von dem zuvor geschrieben worden ist, mit offenem Maul an diesem Gewässer schlafen sieht, dann wälzt sie sich in glitschigem Lehm, damit sie um so besser durch das Maul dieses Tieres schlüpfen kann. Und wenn das Krokodil erwacht, dann verschlingt es die Schlange. Die zerreißt dann seine Eingeweide und kommt lebend aus ihm heraus. Plinius sagt, daß diese Schlange die schönste aller Schlangen sei. Die Leber der Schlange bewahrt man als Arznei für diejenigen auf, die von den Schlangen niedergeworfen oder

20 Daumelle – das Maß von der Daumenspitze bis zum Ellenbogen

gebissen werden. Wenn die Leute von diesen Schlangen gebissen werden, dann schwellen sie an; und dieses Leiden nennt man auf Latein *boa*, das heißt so viel wie *ein Rinderfieber*, und zwar deshalb, weil man diese Leiden mit Rindermist vertreibt. Es sagen auch einige, daß *ydra* ein Drache sei, der viele Köpfe habe und in dem Sumpf oder der Höhle Lerna in dem Land Arcadia[21] lebe. Der Drache heißt auf Latein *excedra*, das heißt auf deutsch *ein Auswechsler*, denn, wie die Geschichtenerzähler sagen, wenn man dem Drachen einen Kopf abschlage, so würden ihm drei an dessen Stelle wachsen. Aber das ist nicht wahr. Es gab mal eine Stelle, die *ydra* hieß. Das war eine Wasserstätte, die war so von Wasser angeschwollen und toste so stark, daß sie die dabei gelegene Stadt veröden ließ; denn wenn man einen Brunnen machte, dann entsprangen drei oder vier an einer anderen Stelle. Das sah der Held Herkules und schaufelte das Erdreich vollständig weg und trug neue Erde und Steine dahin und schüttete die Wasserstelle vollständig zu. Ebenso handelt ein schlechter Mensch: Wenn man ihm ein schlechtes Tun verbietet und ihn dafür bestraft, dann begeht er statt der einen vier schlechte Taten.

21 Arcadia – Arkadien, Landschaft des mittleren Peloponnes; die Lernäische Schlange oder Hydra von Lerna der griechischen Sage lebte in dem Sumpf Lerna südlich von Argos und verwüstete die dortige Umgegend. Ihre Tötung war eine der zwölf Aufgaben des Herakles (Herkules)

Von der Sirene

SIRENA heißt eine Sirene. Aber es ist nicht die Sirene, von der wir zuvor berichteten, wo wir von den Meerwundern geschrieben haben. Die Schlange lebt in Arabien, wie ein Wissenschaftler sagt, und es gibt viele von ihnen in jenem Königreich und sie sind schneller als die Pferde. Es gibt auch einige von dieser Schlangenart, die Flügel haben, so daß sie fliegen können. Das Gift der Schlangen ist so stark in seiner Wirkung, daß es dem Menschen den Tod durch den Biß der Schlange bringt, bevor er ihm den Schmerz bringt, so daß der Mensch ohne Schmerzen stirbt.

Von der Viper

VIPPERA heißt eine Viper. Das ist eine Schlange. Sie hat die Eigenart, wie Jacobus und Isidorus sagen, daß sie in Qualen und in Schmerzen gebärt, denn der Vater stirbt bei der Paarung. Wenn das Weibchen von ihm schwanger wird, dann stirbt die Mutter bei der Geburt. Das geschieht auf folgende Weise: Wenn das Männchen sich mit dem Weibchen paart, dann ist das Weibchen so voll sinnlicher Begierde, so daß es dem Männchen aus Liebe den Kopf abbeißt. Und wenn die Zeit der Jungen in dem Leib der Mutter kommt, dann warten sie nicht, bis sie herauskommen können; sie kratzen vielmehr in der Mutter und reißen sie auf und kommen gewaltsam heraus. Die Schlangen haben anstatt Ohren nur eine Grube und haben nur drei Zähne; ihr Biß ist schädlich und verursacht Schwellungen. Das wußten die sehr wohl, die mit Sankt Paulus an Land kamen, denn zu dieser Zeit packte eine dieser Schlangen die Hand des Sankt Paulus und biß ihn. Da glaubten seine Begleiter, er würde anschwellen und sehr schnell sterben. Das geschah aber nicht. Das Eingeweide dieser Schlangen ist gut gegen die Wunde und den Biß dieser Schlangen, wie Plinius sagt. Ein Forscher sagt, wenn man die Haut dieser Schlangenart nehme und die Haut in Wein koche, würde dieser Wein zu einer guten Arznei gegen Augenschmerzen und Zahnweh. Aber ihr Fett beseitigt die Augentrübung und macht dunkle Augen hell. Aristoteles sagt, daß die Viper bis zum Nabel ein menschliches Gesicht habe, und vom Nabel bis zum Schwanz die Gestalt eines Krokodils. Ihre Afterfalte ist so eng wie ein Nadelöhr und deshalb kann bei ihr nicht an dieser Stelle die Begattung erfolgen, wie bei anderen Tieren. Bei den Vipern geschieht die Begattung mit dem Mund. Aber Plinius spricht viel glaubwürdiger von der Viper, denn er sagt, wenn die Zeit der schwangeren Viper kommt, daß sie gebären soll, so bringt sie an einem Tag nur ein Junges heraus. Da es aber viele Jungen sind (denn sie hat leicht insgesamt zwanzig Junge in sich), so werden die anderen sehr ungeduldig, die über die rechte Zeit hinaus dahinten bleiben; und deshalb zerreißen sie die Mutter und kriechen hervor. Diese Schlange hat die Eigenart, obwohl sie grauenhafter als alle anderen Schlangen ist, daß die Männchen sehr sanftmütig gegenüber ihren Weibchen sind, wie der große Basilius und Ambrosius sagen. Wenn nämlich das Weibchen nicht anwesend ist, dann sucht das Männchen nach ihm und lockt es mit einem weichen Zischen. Und wenn er sieht, daß das Weibchen kommt, dann läßt er all sein Gift fahren und erweist seiner Frau so Ehrerbietung, daß er ohne Gift sein Vergnügen und wonach er Verlangen hat, mit ihr treiben will. Nun bedenke, Eiferer, wie lieb du deine Frau hast, die es dir weder in ihrem Verhalten noch in ihrem Handeln jemals recht machen kann. Blickt sie nach oben, so ist sie eine Gafferin; blickt sie nach unten, so ist sie eine Schmollerin; schweigt sie, so ist sie eine Stumme; redet sie, so ist sie eine Schwätzerin. Du beschimpfst sie mit Worten und Taten, bevor du die Wahrheit herausfindest. Nimm dir Zeit, ein ungestümer Mann sollte auf einem Esel reiten.

Insekten

Von der Biene

APIS heißt eine Biene. Die Bienen haben die Eigenschaft, wie Aristoteles, der große Basilius und Ambrosius sagen, daß sie in allen Dingen gemeinschaftlicher sind als irgendein anderes Lebewesen auf der Erde. Denn wie viele auch zu einem Schwarm gehören mögen, sie haben alle ein und dieselbe Wohnung und leben alle in derselben Gegend des Landes. Die Arbeit von ihnen allen ist für sie von gemeinsamem Nutzen. Ihr Ertrag und ihr Gewinn gehört ihnen allen gemeinsam, und auch ihr Fliegen geschieht zusammen. Was soll ich dir mehr sagen? Die Nachkommenschaft, die sie hervorbringen, gehört ihnen allen gemeinsam, denn sie bringen alle zusammen einen jungen Schwarm hervor; und ihr ganzer Körper (das ist ihre Jungfräulichkeit) gehört ihnen auch allen gemeinsam, denn keine paart sich mit einer anderen, noch haben sie sinnliche Begierde zueinander und haben auch keine Schmerzen bei der Geburt. Jedoch bringen sie oft einen großen Schwarm hervor. Die Bienen machen unter sich einen zum König, und der Rest ist das Volk, das dem König gehorcht. Doch sind sie frei und haben ein und dasselbe Recht vor Gericht und hinsichtlich der Urteile sowie ein eifriges Streben nach vollkommener Treue. Sie lieben nämlich ihren König, den sie eingesetzt haben, und verehren ihn mit solcher Hingabe, daß sie niemals gegen ihn handeln und ihn niemals erzürnen. Und das ist recht so, denn der König ist gegenüber dem Volk sehr milde; so bleibt das Volk billigerweise auch gegenüber dem König gehorsam. Die Bienen sammeln sich zu großen Gruppen und fliegen in Scharen zu ihrem Bienenkönig. Sie schaden keiner Frucht noch abgestorbenen Blüten, das sind die verwelkten Blüten. Wenn sie die Nacht bei ihren Ausflügen umfängt, dann ruhen sie hoch oben in den Bäumen, damit der Tau oder der Regen ihre Flügel nicht berührte. Der Bienenkönig ist wie ein König unter ihnen, und in einem Bienenkorb ist in einem Schwarm nur ein Bienenkönig, der über einen Schwarm herrscht. Der Bienenkönig ist von schöner und stattlicher Gestalt und zweimal so groß wie eine der anderen Bienen. Er hat aber kürzere Flügel, und er hat aufgerichtete Beine, und sein Gang ist vornehmer als bei den anderen. Er hat auch an der Stirn eine weiße Blüte; damit hat ihn die Natur in Vorzug vor den anderen gekrönt. Einige sagen auch, daß der Bienenkönig keinen Stachel habe, mit dem er steche, wie ihn die anderen Bienen haben, denn er sei genug geschützt durch seine Macht, die er habe. Jedoch sagt Ambrosius, er habe einen Stachel, aber er steche nicht damit, denn er sei von Natur sanftmütig. Das Volk der Bienen besteht aus drei Gruppen: Die ersten Bienen sind die Mütter der anderen und edler und größer als die anderen, die zweiten sind kleiner und sind doch sehr stark und arbeiten viel und hart, gerade so wie ein Volk, das unter der Gewalt eines Herrschers ist. Diese Gruppe von Bienen ist den Müttern untertan und gehorsam und tut nichts ohne den Befehl der größeren Bienen. Das dritte Volk der Bienen sind diejenigen Bienen, die auf Latein *fucae* heißen. Das sind unvollkommene Bienen, die keine Stacheln haben und die Dienerinnen der eigentlichen, das heißt der ersten Bienen sind. Die Bienen haben allgemein die Eigenart, daß sie ihrem Kaiser stets und emsig folgen, wohin er fliegt oder geht, solange er jung ist. Sie haben auch die Eigenschaft, daß sie ihre Heimstatt wie eine Burg gestalten und die obersten drei Reihen frei von Honig lassen, damit der Honig nicht schon durch seinen Anblick jemanden zu ihnen einlade, der ihnen Schaden bringt; doch die letzten Reihen füllen sie mit Honig voll. Die Bienen ruhen in ihrem Bienenkorb morgens noch zur Zeit der Frühmesse, bis eine unter ihnen zwei oder drei Stunden zur Zeit des hellen Tages brummt oder summt, so wie ein Wächter mit einem Heerhorn zur Zeit des Tagesanbruchs tönt. Die Bienen können nämlich aufgrund ihrer Natur voraussagen, ob der Tag mild und schön sein wird; dann fliegen sie aus und bringen Ehre und Nutzen. Will es aber regnerisch und windig werden, dann bleiben sie in ihrem Bienenkorb beisammen. Wenn sie aber an die Arbeit gehen, dann sammeln sie Blüten so an ihren Füßen, als ob sie Hosen bekommen hätten. Andere nehmen süßes Tauwasser in ihre Mäuler und überall in ihrem Haarkleid auf und tragen das nach Hause in ihre Wohnstatt. Ambrosius sagt, man sehe die Bienen alle um die Wette für ihre Geschenke und ihren Reichtum arbeiten. Einige sind emsig und fleißig darauf bedacht, ihre Weide zu suchen. Die anderen kümmern sich eifrig darum, ihre Wohnstätte und ihre Burg zu bewahren. Die dritten erkunden das Wetter und den Lauf der Gestirne. Die Jungen fliegen aus, um zu arbeiten, und bringen Honig und Wachs ein; die Alten aber arbeiten in ihrer Behausung. Die von den Feldblüten nach Hause tragen, die laden ihre Vorderfüße bis oben an die Hüften voll und kehren ganz vollbeladen nach Hause zurück. Sie haben auch innerhalb des Bienenkorbes ihre Aufgaben alle verteilt, denn einige mauern, die anderen verputzen und glätten das Werk; einige saugen den Honig von dem Wachs, einige teilen die Rohstoffe und die Nahrung, die gebraucht werden, hier- und dorthin zu; sie essen auch nicht gesondert, damit weder hinsichtlich Nahrung noch Arbeit noch Zeit unter ihnen Ungleichheit sei. Plinius sagt, die Bienen seien so eifrig ihrer Arbeit zugetan, daß sie diejenige feststellen würden, die von ihnen träge bei der Arbeit ist; die bestraften sie dann sofort und bissen sie tot. Sie halten auch erstaunlich große Sauberkeit unter sich und werfen ihren Unrat in die Mitte des Bienenkorbes. Es gibt keinen Schmutz bei ihrer Arbeit, denn den ganzen Auswurf, der von den arbeitenden Bienen kommt, den sammeln sie an einer Stelle in dem Bienenkorb und tragen ihn an ihren Feiertagen heraus, wenn das Wetter trüb ist, so daß sie nicht arbeiten können. Wenn es auf den Abend zugeht, dann summen sie in dem Bienenkorb. Das Summen wird schwächer und schwächer, bis eine von ihnen herumfliegt und in der Art und Weise dröhnt, wie sie die Bienen am Morgen weckt, und gebietet ihnen allen zu ruhen, so wie es die Wächter auf den Burgen zu tun pflegen, die sowohl die Nacht als auch den Tag durch Blasen anzeigen. Wenn das geschieht, dann schweigen sie alle sehr schnell. Sie haben auch die Eigenschaft, daß sie zuerst dem Volk eine Wohnstätte bereiten und danach den Königen; und wenn sie größeres Glück erhoffen, wenn sie ausschwärmen wollen, dann bauen sie auch Gemeinschaftshäuser und bauen für die künftigen Kaiser besondere Paläste, die geräumig und groß sind. Doch machen sie keinen aus Zufall und ohne Vorsicht zum König; sie prüfen ihn vielmehr vorher, ob er schön und groß und milde sei. Wenn einige Bienen das Recht ihres Kaisers übertreten, dann töten sie sich selbst und verwunden sich mit ihrem eigenen Stachel; man sagt, daß das Volk in dem Land, das Persien heißt, dieselben Verhaltensweisen gegenüber seinem König habe.

Die Bienen begeben sich gewöhnlich nicht zu ihren Nahrungsgründen, wenn der König nicht zuerst ausfliegt und seine Herrscherstellung während des Fluges beibehält. Sie schützen ihren König auch sehr eifrig und betrachten es als eine Ehre, für ihren König zu sterben. Aristoteles sagt, die Bienenkönige würden nirgends alleine außerhalb des Bienenkorbes erscheinen, sondern sie hätten dann immer viel Volk bei sich. Unter seinem Volk fliegt der König in der Mitte und die Bienen darum herum; die Biene, die bei dem Flug den Flügel des Kaisers berührt, die bestraft das ganze Heer. Es hat auch jede Biene das Bestreben, bei dem Flug in allernächster Nähe des Kaisers zu sein, und betrachtet es als große Ehre und als Ruhm, wenn man sie in dem Dienst des Kaisers sieht. Wenn zudem der Kaiser müde wird, dann tragen ihn die kräftigsten Bienen hoch und helfen ihm. Plinius sagt, wenn es den Bienen in ihrem Bienenkorb an Honig mangele, dann zögen sie mit großem Ungestüm gegen die nächsten, und diese setzen sich zur Wehr und sie kämpfen miteinander. Sie kämpfen auch um die Blüten auf dem Feld miteinander, aber den Kampf beendet man dadurch, daß man Staub zwischen sie wirft oder Rauch zwischen sie bläst oder sie mit Milch oder Wasser wieder friedlich macht. Sie können üblen Geruch überhaupt nicht ausstehen und fliehen weit weg davon; unsaubere Salbe schadet ihnen sehr. Basilius sagt: An den Bienen und an den Wespen sind überall kleine Spalten oder Schlitze, denn sie atmen nicht und haben keine Lungen. Sie werden durch die Luft über ihren ganzen Körper ernährt und gespeist, indem sie die Luft überall in sich hineinziehen; und deshalb sterben sie leicht, wenn man sie mit Öl besprengt, denn das Öl verstopft die Schlitze und die Spältchen ihres Körpers. Doch wenn man sofort danach Essig auf sie gießt, dann öffnen sich die Spalten, und sie werden unverzüglich wieder lebendig. Wenn die Bienen krank sind, dann fressen sie mehr, als sie gewohnt sind, und das tun sie nur wegen der großen Liebe, die sie zu dem Honig haben. Papilio, das ist ein Schmetterling, der den Bienen großen Schaden zufügt. Diese Schmetterlinge setzen sich nämlich auf den Klee und andere süße Blüten; sie saugen das süße Fruchtmark heraus und verunreinigen den edlen Tau mit ihren Schmetterlingseiern, denn daraus entstehen kleine Würmer. Ihnen stellen auch die Frösche nach, wenn sie zu dem Wasser fliegen, denn man sagt, daß die Frösche unempfindlich gegen die Stacheln der Bienen seien, mit denen sie stechen. Ihnen fügen von Natur aus die Wespen und Hornissen Schaden zu, und auch die Schwalben und andere Vögel fressen die Bienen. Sie haben auch die Eigenart, daß sie Todesfälle gemeinsam beklagen, und wenn der Kaiser stirbt, dann weint das Volk sehr und ist traurig, denn sie versammeln sich alle um ihren toten Kaiser und tragen nichts mehr heim und fliegen nicht aus; und kommt man nicht zu Hilfe, dann sterben sie vor Hunger, wie ein Wissenschaftler sagt. Die Bienen werden vor allem dann schwach und krank, wenn die Blüten erkalten. Ihnen schadet auch jeglicher Widerhall, so z.B., wenn die Stimme eines Menschen oder eines Tieres in der Nähe der Bienen widerhallt. Nebel schadet ihnen auch. Ihnen schaden auch die Spinnen arg, wenn sie die Bienen überwältigen und ihr Netz bei ihnen aufspannen; dann fangen sie die Bienen und töten sie. Meister Michael von Schottland sagt, daß den Bienen ihr eigenes Glück zum Verderben werde. Wenn nämlich ein Jahr fruchtbar ist und es eine Fülle von Blumen gibt, dann sammeln die Bienen so eifrig Honig, daß sie nicht an Nachkommenschaft und junge Bienen denken. Die Bienen sterben aufgrund verschiedener Ursachen und besonders, wenn es viele Bienenkönige gibt und ein jeder Bienenkönig sich eine Schar Bienen nimmt und über sie herrscht. Die Bienen freut es, wenn man die Hände zusammenschlägt oder wenn man mit Metall klingelt, dann versammeln sie sich. Es entstehen Bienen aus den frischen Mägen der Waldrinder, die man Auerochsen nennt . . ., die auf Latein *bubali* heißen. Aber man muß die Mägen mit Kot bedecken, dann werden Bienen daraus. Bienen entstehen auch aus Ochsenhäuten, die man mit Erde bedeckt, und aus Eselshäuten werden Wespen; aus Fliegendreck werden kleine Insekten, und Frösche werden aus Bete oder aus Mangold, denn Bete und Mangold sind ein und dieselbe Pflanze; aus unverderbter Luft und aus fauligen Atem werden Stechfliegen, die auf Latein *culices* heißen. Virgilius sagt jedoch, daß die Stechfliegen aus dem Körper von Färsen entstehen, die tot sind. Das habe ich wirklich gesehen, wo die helle Sonne auf eine tote Färse schien. Aus den Körpern toter Pferde entstehen Wespen und Hornissen. Aus den Körpern von Eseln wird eine Art von Fliegen, die *scarabaei* heißen; die sind rot wie die Hornissen, sie sind aber kleiner als die Wespen. Du sollst auch wissen, daß die Bienen, die aus den Rindern entstehen, sich miteinander wie die Fliegen paaren; aber ihre Jungen sind fast genauso wie die eigentlichen Bienen beschaffen.

Man soll den Honig bei Vollmond an einem schönen, hellen Tag herausnehmen. Der Honig, der sofort in der Form von Tropfen herunterfällt, der ist nicht so gut wie derjenige, der zäh ist und sehr gut riecht und durchsichtig ist. Auch der Honig, der von frischen Wachswaben kommt, ist besser als derjenige, der von alten kommt. Der von alten Wachswaben kommt, ist rot, aber der gute Honig hat die Farbe von Gold. Guter und reiner Honig ist gut für kranke Augen und für den Stuhlgang. Der reine Honig ist unten in dem Bienenkorb. Platearius sagt, daß der Honig den ersten Grad der Wärme und den zweiten Grad der Trockenheit habe. Der Honig ist für vieles gut. Er bewahrt die Wirkungskraft der Dinge, zu denen man ihn stellt, und er reinigt. Er mildert den bitteren Geschmack der Früchte und der Gemüsepflanzen und der anderen Dinge, zu denen man ihn mengt; deshalb mengt man ihn auch zu vielen Arzneien, denn er trägt mit seiner Süße das Gift in die Glieder hinein. In *electuariis*, die man auf deutsch Latwerge nennt, und in edlem Pulver hat er die Wirkung, wenn man ihn hineinmengt, daß die Materien länger gut und frisch bleiben. Wer den Magen voll von kalter

Flüssigkeit hat, dem soll man Honig mit warmem Wasser geben, denn der Honig löst und reinigt. Wer sein Gesicht rein und hell machen will, der soll es mit Honig und mit Wasser waschen. Ein Stuhlzäpfchen aus geröstetem Honig und aus Salz ist gut für fieberkranke Leute. Aristoteles sagt, daß die alten Bienen süßeren Honig einbringen als die jungen. Wer Honig trinkt, der nicht geschäumt ist, der wird aufgebläht. Der Honig ist gut gegen den Biß tollwütiger Hunde, wenn man ihn trinkt, und er ist gut gegen den Biß wilder Tiere. Der laudanische Honig[22] ist bitter, und wer ihn ißt, der wird wahnsinnig. Schwitzt er aber, dann ist er nicht mehr durcheinander. Der Honig hat die Eigenschaft, daß er von dem Ekel und dem Brechreiz befreit, die von einem üblen Magen kommen. Die Bienenkaiser zeugen mehr als einen Sohn; und wenn die herangewachsen sind, dann sprechen sich alle Bienen ab und töten die schlechteren, damit sie keinen Zwiespalt in der Bienenschar herbeiführen und Krieg gegeneinander führen. Die Bienen brüten jung, so wie die Hennen, und die junge Biene, die als erste herauskommt, ist weiß, aber das Söhnchen des Kaisers ist sofort honigfarben, denn es entsteht aus ausgewählten Blüten und in großem Überfluß.

Unter den Bienen verstehe ich jedes Bistum, in dem der Bischof mit Klugheit und allen guten

[22] Der laudanische Honig – Honig, den die Bienen von Mohnblüten gesammelt haben

Eigenschaften der Bienenkönig für die Chorherren ist, und die Bienen, das sind die Chorherren, die in allen Dingen gehorsam sind. Die dulden unter sich nur ein Oberhaupt, denn sie fürchten, daß ihre Kirche zugrunde gehen würde, wenn sie sich mehr als ein Oberhaupt gäben; deshalb wählen sie das beste aus. Ach Gott, wie wenig Bienen gibt es in unserer Zeit! Alle Bienen sind zu Wespen und Hornissen geworden. Gott möge aufgrund seines grenzenlosen Erbarmens seiner Kirche zu Hilfe kommen, damit sie nicht zugrunde gerichtet und völlig zerstört wird. Du weißt sehr wohl, woran ich denke; barmherziger Gott, laß deine Gnade erscheinen!

Von der Heuschrecke

LOCUSTA heißt eine Heuschrecke oder eine Haferschrecke. Aber sie ist nicht das Tier, von dem die Schrift sagt, daß Sankt Johannes es in der Wüste aß. Dieses ist nämlich ein vierfüßiges Tier, das auf Latein auch *locusta* heißt. Obwohl einige Gelehrte das sagen, so glaube ich nicht, daß Sankt Johannes so sehr auf sein leibliches Wohlergehen bedacht lebte, daß er ständig in der Wüste größtenteils Fleisch aß. Es ist leichter zu glauben, daß er von Insekten lebte, denn ein Volk, das Parther heißt, die essen sie gerne; ich weiß aber nicht, wie sie die essen. Die Heuschrecke hat einen Kopf, der wie der Kopf eines Pferdes beschaffen ist. Ein Wissenschaftler sagt, daß diese Insekten sich gegenseitig auffressen und die größeren die kleineren fressen. Sie haben viereckige Mäuler und einen Stachel als Schwanz und zu ihrem Körper hin gekrümmte Beine. Diese Insekten wachsen durch den Südwind und sie sterben durch den Nordwind, der auf Latein *aquilo* heißt. Sie werden schnell durch Mandelblüten fett. Sie haben einen kleinen Darm, der voller Kot ist. Sie fliegen weit über das Meer, ohne viele Tage etwas zu essen, und sie hungern. Das verwundert uns, daß die Insekten so weit wegen der Nahrung ihres Leibes fliegen.

Wahrlich, der Mensch sollte um der ewigen Speise willen, wie sie das Wort Christi ist, sehr weit gehen. Eia, zu was ist die Christenheit an vielen Orten geworden, wo man einem unwissenden und einem rohen Menschen weit lieber zuhört, als einem, der das Evangelium verkündet.

Die Heuschrecken surren beim Fliegen mit ihren Flügeln, daß man meint, es seien richtige Vögel. Sie haben an der Schulterverbindung eine Spitze wie ein Zahn und diese Spitze reiben sie aneinander, als ob sie mit den Zähnen klapperten. Ihre Eier sehen wie Roggenkörner aus; und wenn die Jungen ausschlüpfen, dann sind sie klein und schwarz wie die Ameisen. Von ihnen gab es sehr viele zu der Zeit des Kaisers Ludwig,[23] und sie richteten großen Schaden an,

[23] Kaiser Ludwig – Ludwig IV., der Bayer (1340–1347)

wie ich in dem anderen Teil des Buches in dem Abschnitt über den geschweiften Stern geschrieben habe.

Bäume

Von dem keuschen Lamm

AGNUS CASTUS heißt das keusche Lamm. Das ist ein Baum, wie Platearius sagt, der von heißer und trockener Natur ist, so daß er erhitzt und austrocknet. Er hat den Namen daher, weil er den Menschen keusch wie ein Lämmlein macht; denn er vernichtet und zerstört die unkeusche Begierde, weil er den unkeuschen Saft des Menschen durch seine Hitze vertilgt. Das bewirkt der Baum nicht nur durch seine Blätter und nicht nur durch seinen Saft, wenn man den trinkt, sondern er bewirkt es auch dadurch, daß man seine Blüten oder Blätter unter einen liegenden Menschen streut. Das bezeugt Galienus, der das von den Bürgern in der Stadt Athen in Griechenland schreibt und sagt, daß die ehrbaren Frauen früher die Blätter des Baumes in ihre Häuser streuten, damit sie und ihre Männer um so keuscher leben möchten.
Man liest auch in den Schriften der Alten, daß die alten Heiden sich auf die Blätter des Baumes legten, damit sie, wenn sie einschliefen, kein böser Traum und keine falsche Erscheinung täusche und belästige.
Der Baum bringt seine Blätter nicht zusammen mit den anderen Bäumen hervor, die im Frühjahr grünen: er wartet mit seinen Blättern und mit seinen Blüten bis weit in den Sommer, wenn die Sonnenhitze das Erdreich stark erwärmt hat. Die Blüten des Baumes oder seiner Blätter sind als Arznei sehr nützlich, denn wer den Saft trinkt

oder das Wasser, in dem sie gekocht sind, der verliert sehr schnell seine unkeusche Begierde; er nimmt auch die Hitze und die Glut weg, durch die ein Mensch erhitzt ist, vor allem, wenn man die Geschlechtsteile damit behandelt. Die Rinde, die man in solchem Saft kocht, ist gut gegen *genorream* (gonorroea), das ist der unwillkürliche Samenerguß, der im Schlaf geschieht und bei einigen Leuten auch im wachen Zustand. Der Baum hat Blätter wie ein Ölbaum, jedoch sind sie nicht so hart, und er hat die Eigenart, daß er an feuchten Plätzen und an niedrig gelegenen Orten wächst. Wollte Gott, daß der Welt weniger Weinreben und mehr von diesen Bäumen wüchsen und besonders den geistlichen Leuten.

Von Adams Baum

Im Orient wächst eine Art von Bäumen, die tragen sehr schöne gelbliche Äpfel, wie Jacobus sagt. An den Äpfeln erscheint der Biß eines Menschen ganz offenkundig und deutlich; deshalb nennt man sie Adamsäpfel. Wahrhaftig, das ist ein großes Wunder, daß Gott die Sünde des ersten Menschen an solchen Früchten zeigen will.

Von dem Ebenbaum

EBANUS heißt ein Ebenbaum. Der Baum wächst nicht in unserer Gegend; er wächst in Indien und in dem Land der Mohren. Wenn man den abhaut, dann wird er hart wie Stein. Das Holz des Baumes ist sehr hart und gibt dem Feuer nicht leicht nach; wenn man es auf ein großes Feuer legt, so verbrennt es und wird verzehrt, aber es gibt keine Flammen oder Lohe. Das Holz des Baumes verfault niemals. Seine Rinde ist leicht und zart wie die Rinde des Lorbeerbaumes. Der Ebenbaum, der in Indien wächst, ist mit weißen und schwarzen Flecken und Tupfern gesprenkelt und getupft. Der aber in dem Land der Mohren wächst, der ist besser und ist ganz schwarz. Das Holz des Baumes ist sehr hart, und man macht Messergriffe daraus; die sind aber bei uns selten.

Platearius sagt, wenn man das Holz zu Pulver zerreibe und das mit einem Trank einnehme, zerbreche es den Stein in der Blase. Wenn man das schwarze Ebenbaumholz in die Wiege der Kinder legt oder bindet, dann werden die nicht durch schwarze Träume erschreckt; das sagen die Zauberer in ihren Büchern.

Von dem Haselnußbaum

NUCES AVELLANAE heißt Haselnußbaum und der Baum heißt auf Latein *corulus*. Die Nüsse sind nicht so weiß wie die Walnüsse, so sagt Plateárius, und verursachen auch keine Winde im Körper. Sie sind sehr nahrhaft, aber sie werden nur langsam in dem Magen gekocht,[24] wenn man sie mit der Außenrinde ißt, denn die ist von kalter und trockener Natur. Wenn man einen kleinen Zweig oder eine Rute des Haselnußbaumes nimmt und der Länge nach spaltet und die zwei Teile ein wenig voneinander weg legt, dann gehen sie wieder zueinander und fügen sich ohne jegliche Zauberei wieder zusammen; denn das Holz hat lebende Luft in sich, die aus ihm nach dem Spalten heraustritt und sich wieder zusammenzieht. Wenn man daher einen sehr kleinen Vogel an einem Spieß davon brät, dann dreht sich der Spieß durch den Wirbel des Geistes und des Dunstes in dem Holz infolge der Hitze eine Zeitlang von selbst herum. Das habe ich jedoch nicht gesehen.

[24] Dabei werden nach der Galenschen Lehre die vier Elemente Erde, Wasser, Luft und Feuer, aus denen alle Körper und somit auch die aufgenommene feste und flüssige Nahrung besteht, in die vier Körpersäfte Blut, rote Galle, schwarze Galle und Schleim umgewandelt. Diese vier Körpersäfte ernähren dann das Gewebe des Körpers

Von dem Palmenbaum

PALMA heißt ein Palmenbaum. Der hat sehr viele Besonderheiten, vor allem gegenüber anderen Bäumen. Er wächst nicht vollständig aus, wenn er nur aus einem Kern wächst; er muß aus vielen Kernen wachsen. Und deshalb tun die Pfropfer viele Kerne in ein Säckchen und vergraben das in der Erde, wenn sie den Baum pflanzen wollen. Die zweite Besonderheit ist, daß es bei diesen Bäumen männliche und weibliche Bäume gibt; und der männliche bringt keine Frucht hervor, man muß sie beide nahe beieinander pfropfen. Wenn dann die rechte Zeit kommt, dann neigt sich der männliche Baum zu dem weiblichen und verschränkt seine Äste mit ihren Ästen, und je zwei Äste des weiblichen Baumes drücken sich zusammen und umfangen einen Ast des männlichen. Danach richten sie sich wieder auf, denn dann hat der weibliche Baum empfangen und ist befruchtet worden. Aber sie nimmt nichts von ihm außer einer geistigen Kraft, wie es Luft und Dunst sind. Wenn nun der weibliche Baum Früchte trägt und dann ein Wind durch den männlichen weht und seinen Geruch zu den weiblichen Bäumen trägt, dann werden die Früchte um so schneller reif.

Die Frucht des Baumes heißt auf Latein *dactylus*, und wir nennen sie auf deutsch Datteln, und zwar deshalb, weil die Früchte länglich sind, denn *dactylon* heißt auf griechisch *lang*. Die

Frucht hat innen einen harten Kern und außen ein sehr süßes Fleisch. Der Baum hat auch die Eigenart, daß er, je höher er wird, um so breiter wird, denn die Höhe des Stammes geht nicht sehr weit von der Erde hinauf wie bei anderen Bäumen; er ist da klein und knorrig. Oben breitet er sich aber mehr aus.
Dem Baum gleicht die oberste, edle Kaiserin, die Himmelsfürstin, die Fürsprecherin aller Sünder und spricht: *Ich bin erhöht wie ein Palmenbaum an dem Ort Cades,*[25] *wo die Bäume sehr schön wachsen.* Eia, nun erkenne mein Herz, wie sehr sich die Eigenschaft des Baumes und unsere Frau gleichen. Sie ist der weibliche Baum, der heilige Geist ist der männliche. Sie wird ohne jeglichen Makel nur dadurch schwanger, daß der *heilige Geist seine Äste, das sind seine Gaben, zwischen ihren Ästen verschränkt,* das sind die Tugenden ihrer reinen Seele, und uns die süße Frucht, unseren Herrn Jesum Christum, brachte. Maria Helferin, bin ich an dir getäuscht worden, dann bin ich an der Wahrheit getäuscht worden, die niemand täuscht noch betrügen kann. Ich verzage nicht an dir mit stetem Hoffen, so möge auch deine Gnade nicht an mir verzagen.

[25] Cades – Kadesch Barnea, Oase auf einer Sinai-Hochebene

Von dem Alberbaum

POPULUS heißt ein Alberbaum oder ein Pappelbaum. Davon gibt es zwei Arten, denn die eine Art ist weiß und die andere Art ist schwarz. Der weiße hat Blätter, die auf der einen Seite weiß und auf der anderen Seite grün sind. Aber der schwarze schwitzt oben auf den Schößlingen Harz, das sehr gut riecht und zu vielen Arzneien brauchbar ist. Aber das ist das beste, das man im Mai sammelt. Das Harz gewinnt man auf folgende Weise: Man nimmt die Schößlinge oder Sprößlinge, die zu Laub geworden sein sollten, und kocht sie in ungesalzener Butter, die nur von Rindermilch kommt und die im Mai gemacht ist. Und das kocht man zusammen, bis es völlig grün wird. Danach seiht man es durch ein Tuch und tut es in irdene Töpfe. Das ist zu vielen Dingen brauchbar und heißt auf Latein *diapopylion*. Es ist für den gut, dem der Kopf infolge Hitze weh tut, wenn man ihm damit die Stirn und die Schläfen an dem Kopf einreibt. Es vertreibt auch den Schwindel und die Ohnmacht, die von der Hitze kommen, und es vertreibt Geschwulste an den Gliedern; und was an äußeren Wunden am Körper ist, die heilt es auch sehr stark. Der Saft, den man aus den Blättern des Baumes preßt, ist gegen Ohrenschmerzen gut, und der Samen mit Honig macht die dunklen Augen klar und vertreibt die Ruhr und den Durchfall.

Von der Eiche

QUERCUS heißt eine Eiche und heißt soviel wie *quernus*, das bedeutet ein Klagbaum. Wie nämlich Isidorus sagt, hielten die alten Heiden die Eichen für ihre Götzen und wenn sie ihnen ihren Kummer klagten, dann antworteten ihnen die Götzen aus den Bäumen. Das Eichenholz fault nicht schnell, wenn man es trocken hält. Platearius sagt, daß die Frucht des Baumes *galla* heiße und von kalter und trockener Natur im ersten Grad sei. Es sagen jedoch andere Bücher, daß die Frucht des Baumes auf Latein *glans* heiße und daß der Laubapfel, der auf dem Laub des Baumes wachse, *galla* heiße. In dem Laubapfel entsteht ein Wurm. An dem finden alle Luftdeuter und Wettervorhersager das zukünftige Wetter heraus, denn wenn sie den Wurm mitten in dem Laubapfel entdecken, dann kommt nach ihrer Vorhersage ein strenger Winter; wenn der Wurm aber am Ende ist, dann kommt ein milder Winter.

Die Eicheln sind schlecht, die leicht sind und in die ein Spältchen hineingeht; aber die schweren und die ganzen, die sind gut. Sie sind gut gegen das Erbrechen und die Verdauungsbeschwerden, die von der *colera*[26] herrühren. Wenn man ein Pflaster aus dem Pulver der Eicheln zusammen mit dem Weißen eines Eies und Essig macht und es auf die Nieren und auf den Schamberg bindet, wo die Schamhaare stehen, ist das gut gegen die Ruhr oder den Durchfall. Dieses

Pflaster ist auch gut gegen den Fleischschwund, wenn sich das Fleisch an dem Körper auflöst und dunkel wird. Die Eicheln kühlen besser als die Kastanien; aber beide Früchte kräftigen die Organe und sind sehr nahrhaft, jedoch für die Schweine, nicht so sehr für den Menschen, es sei denn, man mische die Kastanien mit Zucker. Wenn man die Blätter der Eichen zu Pulver zerreibt und das Pulver auf Schlagstellen oder Wunden legt, so vereinigen sie sich und fügen sich zusammen. Wenn man Eicheln brät und sie ißt, dann hilft das gegen Harnzwang. Ihr Pulver ist auch gegen Durchfall gut.

[26] colera – C(h)olera (rote Galle) ist neben Blut (sanguinis), Schleim (phlegma) und schwarzer Galle (melanc(h)olia) einer der vier Körpersäfte (humores), aus denen nach der mittelalterlichen Lehre der menschliche Körper – wie alle lebenden Körper – besteht. »Gesundheit« ist entsprechend der Humoralpathologie des Mittelalters der Zustand einer »richtigen« bzw. ausgewogenen Mischung der Körpersäfte (temperamentum); eine Störung dieses »richtigen« Mischungsverhältnisses ruft dagegen »Krankheit« hervor. Ursache von Krankheit kann der Mangel oder Überfluß eines Körpersaftes (oder mehrerer) oder die Verderbtheit eines Körpersaftes (oder mehrerer) bzw. deren Qualitäten in dem gesamten menschlichen Körper oder in einzelnen Organen sein. In jedem Fall wird eine Heilung durch die Wiederherstellung des »richtigen« Mischungsverhältnisses der Körpersäfte bzw. durch die Entfernung des schädlichen »Etwas« aus dem Körper des Menschen, u.a. mit Hilfe des Aderlasses, bewirkt

Von dem Rosenbaum

ROSARIUS heißt ein Rosenbaum, aber er ist eigentlich eher ein Strauch als ein Baum. *Rosa* heißt die Rose, die auf dem Strauch wächst; sie ist kalt im ersten Grad und trocken im zweiten Grad. Die trockene wie die frische Rose dienen als Arznei. Man soll die Rosen abbrechen, wenn sie sich ganz geöffnet haben, und diejenigen, die ganz rot sind; aber die weißen und diejenigen, deren Farbe zwischen rot und weiß ist, soll man wegwerfen. Wenn man die Rosen an der Sonne trocknet, so kann man sie drei Jahre aufbewahren, und sie behalten während dieser Zeit ihre Kraft. Wer Rosenhonig machen will, der auf Latein *mel rosaceum* heißt, der tue folgendes: Er soll als erstes den Honig sorgfältig durch ein Tuch seihen. Dann soll er die Rosenblätter dazu geben, indem man ihnen die spitzen Enden unten mit einer Fitze abbricht, die daran ist, und soll die Rosenblätter ganz klein schneiden und sie mit Honig mischen. Das soll man dann so lange kochen, bis es sich färbt und dick wird. Dieser Honig hat die Eigenschaft, daß er durch die Wirkkraft des Honigs reinigt und durch den herrlichen Rosenduft kräftigt, denn der Duft kräftigt sehr. Der so hergestellte Honig reinigt den Magen von schlechten Flüssigkeiten. Zukkerrosat[27] stellt man auf diese Weise her: Röste

[27] Zuckerrosat – *rosatum* = bei den Römern ein mit Honig und Rosenblättern angemachter Wein

Rosenblätter sorgfältig mit Zucker auf dem Feuer und tue das danach in ein Glas und stelle es dreißig Tage in die Sonne und rühre es jeden Tag sorgfältig mit einem Löffel um und mische es kräftig miteinander, und verschließe dann oben das Glas in der Sonne. Das hält sich gut drei Jahre, wenn du es richtig machst. Es erspart dir manchen Pfennig in der Apotheke. Das Zuckerrosat hat die Eigenschaft, daß es kräftigt und hilft bei der roten Ruhr und bei dem Erbrechen, das von der *colera* kommt, und bei dem Schwindel und bei der Kraftlosigkeit, die von der Erkrankung der geistigen Organe herrühren, dagegen ist es sehr gut, wenn man es in Rosenwasser einnimmt. Den Rosensirup stelle man auf diese Art und Weise her: Siede Rosen in Wasser und tue Zucker dazu, dann entsteht dieser Sirup. Jedoch wird er besser von dem Saft frischer Rosen. Der Sirup hat die Eigenschaft, daß er zuerst die Därme öffnet oder aufweicht und danach läßt er sie wieder zum Stillstand kommen und ist gut gegen den Durchfall und das Erbrechen und die Kraftlosigkeit; aber man soll ihn nicht denen geben, die an Verstopfung leiden. Rosenöl stellt man auf diese Art und Weise her: Zerstoße die frischen Rosen sehr sorgfältig und tue sie in ein Glas mit Öl und stelle das oben verschlossene Glas vierzig Tage in die Sonne. Wer an heißer Leber leidet, der reibe die Stelle, an der die Leber liegt, damit ein und nehme es in dem Essen zu sich und anstelle anderen Öls; dann wird es besser. Wem der Kopf von heißen Ursachen her weh tut, der reibe die Stirn und die Schläfen an den Ohren damit ein. Rosenwasser hat die Eigenschaft, daß es gegen Hitze stärkt und zusammenzieht und frisch macht und ist auch gut gegen den heißen Durchfall, der von der *colera* kommt. Wer schwindelig wird und wen Ohnmacht befällt, dem flöße man Rosenwasser ein und besprenge ihm damit die Stirn. Wer getrocknete Rosen an die Nase hält, dem wird dadurch das Gehirn und das Herz gekräftigt und der körperliche Geist erfrischt. Das tun auch die frischen Rosen, wenn man in Maßen daran riecht, aber zuviel verursacht Rheuma und schmerzt den Kopf. Die innere Blüte der Rose, die gelb wie Safran ist, heißt *anthos* und ist gut gegen das Erbrechen. Wer zu Weihnachten frische Rosen von dem Baum haben will, der umwickele Anfang Mai den Stamm des Rosenbaumes vom Boden an und jedes Ästchen bis zum Ende, auf diese Weise bleibt die Feuchtigkeit und die Wärme darin. Drei Wochen oder einen Monat vor Weihnachten nimm die Bänder ab, dann sprießen schöne Rosen hervor. Das, glaube ich, trifft in heißen Ländern zu, wo die Luft im Winter nicht sehr kalt ist, oder in unserem Land, wo der Winter mild ist, denn die große Kälte läßt den Saft in dem Baum erfrieren, so daß er keine Rosen hervorbringt.

Unsere Frau vergleicht sich in der Schrift mit einer Rose und sagt: *Ich bin wie die Rosenpflanzung in Jericho gepflanzt.* Nun betrachte das herzgeliebte Gleichnis: Jericho bedeutet nach den Worten der Schriftgelehrten soviel wie ein abnehmender Mond. Nun ist alles, was in dieser Welt abnimmt, an dem Sünder: Tugend, Kraft, Schönheit, Körper und Leben; daher heißt diese Welt treffend Jericho. Darin ist unsere Frau wie ein gut beladener Rosenbaum gepflanzt, der seinen Duft mildtätig mit vollkommener Huld ausstreut. Aus den edlen Rosen sollen wir armen Sünder uns Rosenhonig und Rosenwasser machen, mit dem Honig unserer steten Hoffnung, mit dem Zucker unserer süßen Liebe und mit dem Öl des christlichen Glaubens, mit dem Zerreiben guter Werke und mit dem Ausbrennen der rechten Beichte und vollständigen Reue über alle die Krankheiten, Ängste und Nöte, die uns Leib und Seele beschweren. Eia, die hell brennende Rose erscheine allen denjenigen, die deinen Namen verehren, und stärke sie in allen ihren Nöten. Frau, du weißt genau, ob ich es mit Aufrichtigkeit sage.

Von der Weide

SALIX heißt eine Weide und bedeutet soviel wie eine Springerin, weil der Baum schnell hervorspringt und wächst. Er wächst auch gerne an feuchten Plätzen und hat eine harte Rinde, wenn er alt wird. Aber wenn er jung ist, dann hat er eine sehr weiche Rinde. Der Baum blüht, aber er trägt keine Frucht. Wer die Blüte in einem Trank einnimmt, der wird unfruchtbar, wie die Zauberer sagen. Seine Rinde und seine Blätter haben die Eigenschaft, daß sie zusammenziehen und stark machen. Den Saft, den man aus den Blüten des Baumes preßt, gibt man dem Menschen zu trinken, der infolge von Hitze fiebert; das ist gesund für ihn. Wer den Samen des Baumes in einem Trank einnimmt, der wird seiner unkeuschen Begierde beraubt, wie man sagt, und die Frauen macht er unfruchtbar. Das wäre vielleicht mancher Frau sehr lieb und auch manchem Mann. Wenn man einen Kirschbaum in seiner Mitte durchbohrt und einen Weidenast da hineinstößt, so daß er das Loch vollständig ausfüllt, trägt der Baum Kirschen ohne Steine. Wenn man die Blätter der Weide in ein Haus oder in einen Raum streut, kühlen sie die Luft und mildern die Hitze bei den kranken Leuten.

Von der Linde

TILIA oder *dilia* heißt eine Linde. Der Baum ist bei uns sehr bekannt und ist von sehr luftreicher Beschaffenheit. Deshalb ist sein Holz sehr leicht. Die Blüten des Baumes besitzen viel Honig und Wachs, und deshalb sitzen die Bienen gerne darauf. Der Honig, den die Bienen davon sammeln, ist besser und wohlschmeckender als irgendein anderer Honig. Der Schatten dieses Baumes ist auch für den Menschen angenehmer als der Schatten irgendeines anderen Baumes.

Von dem Aloes

ALOES[28] ist ein Holz und ist ein Baum, der in dem Land Indien und in Arabien wächst, wie Isidorus sagt, und er hat einen guten, süßen Duft. Man benutzt das Holz für die Altäre in den Kirchen, so wie man es mit *thymiama* tut, das von dem Baum *thymus*[29] kommt . . . Die anderen Wissenschaftler sagen, daß das Holz aus fließenden Gewässern in dem Paradies komme und daß man es mit Netzen auffange. Von diesem Holz ist dasjenige, das von schwerer und knorriger Beschaffenheit ist, das beste und sehr wohlriechend. Es ist mittelbitter, so daß es nicht sehr bitter ist, wenn man es auf die Zunge legt. Es ist auch in der Farbe mittelschwarz oder mittelrot; es läßt sich leicht mit den Zähnen zerkleinern. Wenn man es kaut und in dem Mund behält, ist es infolge des edlen Geruchs, der davon ausgeht, für das Gehirn gut. Es ist auch gegen die Erkrankung des Magens, der Leber, des Gehirns und des Herzens gut. Es ist auch gut gegen das Aussetzen der Menstruation bei den Frauen, wenn sie die nicht bekommen können, gegen Brustkrankheit und gegen andere Erkrankungen der Organe, die von der Kälte herrühren. Der Wein, der mit dem Holz gekocht wird, ist auch sehr gut gegen die vorgenannten Krankheiten; und wenn man den Dampf, der beim Kochen entsteht, durch die

28 Aloes – Aloeholz, Paradiesholz
29 thymus – Thymian, Quendel

Nase in sich hineinzieht, bringt das dem kalten Gehirn große Gesundheit. Wenn man das Holz zu Pulver zerreibt und Nelkenblätter und den Knochen dazu nimmt, der in dem Herzen eines Hirschen ist, und die auch zu Pulver zerreibt und das Pulver mit Baumöl vermischt und damit einem Hahn den Kopf bestreicht, dann kräht er am Tag und in der Nacht nicht.

Von dem Balsambaum

BALSAMUS heißt ein Balsambaum. Das ist ein Baum oder ein Strauch, wie Jacobus und Solinus und andere Wissenschaftler in vielen Büchern sagen, den man früher nur in dem Land Judäa bei der Stadt Jericho fand. Aber im Laufe der Zeit brachten ihn Ägypter auf das Feld in Babylonien, und dort bauen ihn die Christen an, die im Heidenland in der Gefangenschaft sind. Wie oft es nämlich Ägypter auch versucht haben: wenn die Heiden ihn anbauen, bleibt er unfruchtbar; das sagen die Historien, das sind die Schriften von den Geschehnissen in den Ländern und Zeiten. Auf einem Feld in Babylonien sind sechs Brunnen; in dem einen (sagen etliche) hat unsere Frau unseren Herrn Jesum Christum gebadet, und von diesem Brunnen und von den anderen fünf wird das Feld des Balsams getränkt. Aber an anderen Orten gibt dieser Strauch niemals Balsamsaft. Doch sagt Avicenna, daß die Erde dort, wo der Balsam

wächst, von dem Quellchen des Feldes Engadi[30] getränkt werde. Plinius sagt, daß der Stamm des Baumes wie eine Weinrebe aussehe und er Blätter wie eine Raute habe, sie seien aber heller und blieben an dem Baum. Der Baum hat die Eigenart, daß man ihn oft beschneiden muß und daß er das Wasser liebt. Wenn man das edle Baumharz von dem Baum gewinnen will, dann muß man ihn mit Messern aus Knochen oder Stein oder Glas ritzen. Man muß ganz leicht hineinschlagen, dann tropft der Saft in ein gläsernes Gefäß, das man darunter stellt; beschnitte man den Baum mit einem Eisen, so würde er zerstört. Aber Avicenna und die anderen Wissenschaftler sagen, daß man die Balsambäume mit Eisen beschneide. Wenn man nun den Balsam eingesammelt hat, dann bewahrt man ihn sechs Monate in einem kleinen Gefäß unter Taubenmist auf. Danach zieht man ihn heraus; dann ist er rein geworden, und zwar deshalb, weil der Taubenmist heiß ist und der Balsam seine Kraft behält, wenn er nicht ausdunstet. Das Harz ist dauerhafter als irgendein anderes Harz.
Der Baum heißt *balsamus*, aber sein Holz oder seine Traube heißen *xilobalsamum*, und sein Samen heißt *opobalsamum*. Platearius sagt, daß *opobalsamum* die besten und wirksamsten

30 Das Feld Engadi – siehe Das Hohelied 1, 14: »Eine Hennablüte ist mein Geliebter mir / aus den Weinbergen von En-Gedi . . .« und Jesus Sirach (Liber Ecclesiasticus) 24, 14: »Wie eine Palme in En-Gedi wuchs ich empor . . .«

Eigenschaften habe, denn es ist von heißer und trockener Natur in dem vierten Grad. Und weil es selten ist, verfälscht man es oft mit verschiedenen Substanzen, denn einige nehmen Terpentinharz, das *therebintina* heißt, und mischen ein wenig Balsam dazu, dann ähnelt es dem Balsam. Andere nehmen Nardenöl, das von der Pflanze *nardo* kommt, und mischen es zu dem Terpentinharz.

Nun sagen einige, man solle Balsam auf folgende Weise prüfen: Wenn man ihn vorne auf einen Griffel steckt und anzündet, dann brennt er; aber das tut das Terpentinharz auch. Diascorides sagt, man solle einen Tropfen Balsam nehmen und ihn in etwas Ziegenmilch tun, dann gerinne die sofort und der Balsamtropfen falle zu Boden. Aber es gibt viele Dinge, durch die Milch gerinnt. Der Balsam ist von gelber Farbe und sehr klar, und man unterscheidet ihn auf folgende Weise von falschem Balsam: Wenn man ihn mit einem Griffel unten in eine Flüssigkeit legt, dann bleibt er da; wenn man ihn in die Mitte legt, dann bleibt er da auch, und dasselbe tut er, wenn man ihn oben auf die Flüssigkeit legt. Es gibt noch einen anderen Versuch: Tue in irgend etwas Wasser hinein und tue in das Wasser Balsam und rühre das Wasser mit einem Stück Holz um; ist der Balsam verfälscht oder ist es Terpentinharz, so wird das Wasser trüb, ist er aber rein und echt, dann wird das Wasser nicht trüb. Rabanus sagt, wenn der Balsam rein und echt ist, dann wird ein Wolltuch dadurch nicht verschmutzt und ist nicht weniger wert als vorher. Weiter, wiege irgendworin Balsam und wiege danach Terpentinharz von derselben Größe in demselben Behälter: ist der Balsam echt, so wiegt er zwei- und dreimal so schwer wie das Terpentinharz, wiegt er nur ein klein wenig mehr, dann ist er verfälscht. Weiter, ist der Balsam echt, dann hat er eine so große Kraft, daß die Hand, wenn man ein Stückchen davon in der Größe eines Tropfens darauf legt, es nicht ertragen kann, denn keine Flüssigkeit dringt so schnell hindurch. Michael der Schotte sagt, der Balsam habe die Eigenart, daß die Milch, die man darauf träufelt, sofort gerinne; wenn man aber Wasser auf ihn gieße, so behalte er seine Kraft.

Man reinigt den Balsam durch Waschen mit Essig, indem man ihn darin hin und her bewegt. Er nimmt die Zumischung keiner anderen Flüssigkeit an. Das glaube ich, Megenberger, aber nicht, denn sonst könnte man ihn nicht so gut verfälschen, wie man es tut. Der Balsam hat die Eigenschaft, daß er auflöst und die Kräfte erhält und an sich zieht. Neben anderen Wirkungen, die er hat, treibt er das tote Kind aus der Gebärmutter und zieht die Hülle hervor, in der das Kind in der Gebärmutter liegt, die auf Latein *secundina* heißt und dem Kind bei der Geburt folgt; deshalb heißt sie *secundina*, nach dem Wort *sequor*, das heißt *folgen*. Man soll Balsam gegen alle alten Kopfkrankheiten zusammen mit einer Opiumlatwerge geben, die der Krankheit angemessen ist. Wenn man ein bißchen Wachs mit ein bißchen Balsam anfeuchtet und das zehn Tage auf eine Wunde legt (denn so lange kann der Balsam bei dem Wachs bleiben und auch vierzig Tage, wenn es nötig ist), dann beseitigt er die Wunde. Er erhält die Körper der Toten, die man mit echtem Balsam balsamiert, sehr viele Jahre ohne Fäulnis.

Mit dem Balsam vergleicht sich unsere Frau in der Schrift und sagt: *Ich habe einen Duft verbreitet wie ein wohlriechender Balsam.* Wahrlich, das sagt sie voll Wahrheit, denn sie streut voll von allen Tugenden ihre große Barmherzigkeit mit so viel Gnade auf uns arme Sünder, daß wir den Himmel mehr durch Macht als durch Recht besitzen. Deshalb sagt die Schrift: *Der Gerechte wird kaum bewahrt*; man findet nämlich kaum einen Menschen, der niemals eine Todsünde begangen hat, es seien die zwölf Apostel oder andere Heilige, mit Ausnahme allein unserer Frau. Und deshalb sagt auch die Schrift: *Celum vim patitur*, das heißt: Der Himmel erduldet Gewalt. Nun sieh, wie wir zum Himmel kommen. Barmherzigkeit muß der Wahrheit entgegentreten, und Gerechtigkeit muß mild und friedfertig sein. Deshalb sagt die Weissagung in dem Psalter: *Die Barmherzigkeit und die Wahrheit sind sich begegnet, die Gerechtigkeit und der Friede haben sich gegenseitig geküßt.* Das Küssen freut mich und gibt mir eine gewisse Kraft, größer als aller Balsamduft.

Von dem Pfefferbaum

PIPPERIS heißt ein Pfefferbaum. Der wächst in Indien bei dem Berg Caucasi,[31] der zur Sonne hin[32] liegt. Das Holz des Baumes und die Blätter gleichen einem Wacholderbaum. Rabanus sagt, der Pfefferbaum habe weiße Körnchen, aber sie würden durch das Feuer in dieser Gegend schwarz, wenn man damit die Schlangen vertreibt. Der Bischof Jacobus Aquensis sagt und nennt einen anderen Grund, weshalb der Pfeffer schwarz sei, der viel glaubwürdiger ist. Er schreibt nämlich, wenn man den Pfeffer ohne irgendein Feuer gesammelt habe, dann trockne man ihn in einem heißen Ofen, damit er länger haltbar bleibe oder damit man den frischen Samen in anderen Ländern nicht säe oder anbaue. Der leichte Pfeffer ist alt, der schwere ist frisch. Platearius sagt, der Pfeffer sei heiß in dem letzten Grad. Wenn man den Pfeffer zu sehr feinem Pulver zerreibt, mit Ausnahme des äußeren Teils, indem man das Äußere ablöst, und den so zu Pulver zerriebenen Kern reichlich mit Rosenwasser besprengt und das trocknet und es tröpfchenweise in das Auge tut, nimmt es den Augen den Belag[33] und die Dunkelheit. Aber die Leute, die von heißer und feuchter Natur sind, sollen den Pfeffer nicht gebrauchen, denn er löst und

[31] Berg Caucasi – der Hindukusch
[32] zur Sonne hin – nach Süden *oder* Osten zu
[33] Belag der Augen – der Star

bringt einigen den Aussatz. Das Pfefferpulver nagt das überflüssige Fleisch aus den Wunden. Galienus und Aristoteles sagen, daß es drei Arten von Pfeffer gebe: schwarzen, langen und weißen, und daß alle auf ein und demselben Baum wachsen, und daß der weiße den Magen besser kräftige und der lange die Nahrung besser in den Magen und die Gedärme hineingehen lasse. Das gefällt anderen Wissenschaftlern nicht, denn was wir in unseren Landen langen Pfeffer nennen, das ist von lockerer Beschaffenheit und wie die länglichen Dinger gestaltet, die an den Haselstauden hängen, bevor die Nüsse darauf wachsen. Aber der lange Pfeffer ist schwarz und riecht wie richtiger Pfeffer, doch ist er nicht so scharf auf der Zunge; was wir weißen Pfeffer nennen, das sind Nüsse, die den Haselnüssen sehr stark ähneln, außer daß sie eine weichere und eine weißere Schale als die Haselnüsse haben und innen kein rotes Häutchen und Kerne wie die Haselnüsse haben; und der Kern riecht gar nicht wie der andere Pfeffer, denn er ist süß mit ein bißchen hineingemischter Schärfe. Daß die Früchte von Natur alle auf einem Baum wachsen, das ist nicht glaubhaft.
Der echte Pfeffer hat die Eigenschaft, daß derjenige, der ein wenig davon ißt, gut Wasser lassen kann; aber wer zuviel ißt, dem öffnet es den Leib und verzehrt den Samen des Menschen und macht ihn keusch; aber der lange und der weiße Pfeffer verstärken durch ihre Flüssigkeit den Geschlechtstrieb. Man sagt auch, daß die

Äpfel, die man innen ausschneidet, den Kern dann wegwirft und sie schält und innen mit zu Pulver zerriebenem langen Pfeffer bestreut und dann brät, sehr gut für die Verdauung und gutes Kochen im Magen seien. Einer Frau, die viel echten Pfeffer gebraucht, wirft er das Kind heraus.

Kräuter

Von der Osterluzei

ARISTOLOGIA heißt in einigen deutschen Dialekten Osterluzei und ist eine Pflanze, die verschiedene wunderbare Eigenschaften hat, und davon gibt es, wie Diascorides sagt, verschiedene Arten. Einige sind lang, einige rund und einige wie die Weinrebenäste. Bei dieser Pflanze ist eine weiblich, die andere männlich. Ihre Blätter sind wohlriechend und haben einen beißenden Geruch und sind zuweilen rund. Die Pflanze ist feingliedrig und von einer Wurzel gehen viele lange Äste aus. In ihrer Blüte ist ein rotes, wie ein Hütchen gebildetes Dingchen, das stinkt. Ihre Wurzel ist so dick wie ein Finger und eine Handbreit lang. Die Pflanze ist von heißer und trockener Natur und hat die Eigenschaft, daß sie abwäscht und reinigt, denn sie reinigt die Zähne von ihrem Schmutz und die Haut von ihrer Feuchtigkeit und von ihren Flecken und macht die Körperfarbe hell. Wenn man ihren Saft mit etwas Honig in die Ohren träufelt, schärft er das Gehör und reinigt die Ohren von ihrem Schmutz und verhindert, daß Eiter darin entsteht. Die Pflanze ist auch gut für die fallenden Leute, die auf Latein *epilentici*[34] heißen, und reinigt die Brust. Eine Frau, die sie mit Myrrhe und Pfeffer trinkt, die spült sie aus und reinigt sie von der Ausscheidung in der Gebärmutter, wenn sie gebärt, und sie bringt den Frauen ihre Menstrua-

[34] epilentici – epileptici

tion und zieht das Kind aus der goldenen Pforte. Die Pflanze zieht auch Dornen und Pfeile und andere Dinge aus dem Fleisch des Menschen. Sie ist auch gut gegen den Biß giftiger Tiere. Ihr Pulver zusammen mit Minzensaft oder in das Pulver zusammen mit Honig getauchte Scharpia beißen das wilde Fleisch aus den Wunden. Wenn eine Frau, die ein totes Kind trägt, Wein trinkt, der mit der Wurzel der Pflanze gekocht ist, so treibt er ihr die Totgeburt heraus. Das Pulver ist auch gegen Schorf und Räude gut.

Von dem Anis

ANISIUM heißt Anis und heißt auch römischer Fenchel, denn die Pflanze hat Blätter wie der Fenchel, außer daß sie ein bißchen breiter sind; und die Pflanze hat einen Samen, der auch Anis heißt. Der Anis ist von heißer und trockener Natur, und man nennt ihn auch süßen Kümmel. Er hat die Eigenschaft, daß er auflöst und verzehrt; und er ist sehr gut gegen die Blähungen in dem Leib und das schlechte Kochen in dem Magen und ist sehr gut gegen die Ohrenkrankheit, die von Feuchtigkeit kommt. Er vermehrt auch die Milch der Frauen in der Brust und bringt das Harnwasser und bei den Frauen ihre Menstruation kräftig hervor und reinigt die Gebärmutter von dem weißen Ausfluß; doch er verlockt zur Unkeuschheit. Er zieht den Leib zu, öffnet die verstopften Nieren und treibt Gift heraus.

Von der Melde

ATRIPLEX heißt Malte und heißt anderswo Melde und heißt auf Latein *chrysolochanna* (chrysolachanum). Die Pflanze hat breite Blätter mit weißen Tupfern, als ob Mehl darauf gestreut sei, und die Leute auf dem Land kochen sie mit Fleisch. Die Pflanze ist von kalter und feuchter Natur und wegen ihrer Wäßrigkeit wenig nahrhaft. Wenn man die Blätter der Pflanze in einem frischen Topf unter die Erde setzt, so daß der Topf nicht austrocknen kann, dann werden aus den Blättern Frösche.

Von der Hauswurz

BARBA JOVIS heißt Hauswurz. Die Pflanze ist sehr kalt und ist für die überhitzte Leber gut. Die Wissenschaftler, die sich mit der Zauberei beschäftigen, sagen, daß sie den Donner und die Blitze vertreibe, und deshalb pflanzt man sie auf den Häusern. Die Pflanze hat die Eigenschaft, wie einige sagen, daß sie, wenn man sie in einen Topf zu einem Stück Fleisch legt, aus zwei Fleischstückchen ein Stück macht; sie ist auch gut gegen die hitzigen Geschwüre.

Von dem Kampfer

CAMPHORA heißt Kampfer. Die ganz alten Autoren sagen, es sei eine Pflanze, die im Osten, in dem Land Indien, wachse und sehr wohlschmeckend sei. Die Pflanze pflückt man gegen Ende des Frühjahrs und zerstößt sie und preßt den Saft daraus und läßt das Trübe auf den Boden fallen. Das Klare stellt man in die Sonne, bis es hart wird; dann entsteht ein dunkler Kristall daraus. Wenn man den in der Hand hält, dann zerbricht man ihn bald, und er wird bald zu Pulver, vor allem in den Händen von denjenigen Leuten, die durch Unkeuschheit befleckt sind, denn er will, daß der keusch ist, der ihn trägt und anfaßt. Er macht auch die Männer keusch, die ihn an die Nase halten, aber die Frauen macht er unkeusch. Man bewahrt den Kampfer in Gefäßen aus Marmor oder Alabaster auf. Aber Constantinus sagt, er sei ein Baumharz, und Avicenna sagt, er sei der Saft eines Baumes, der ganz hart werde.

Von dem Kümmel

CYMINUM heißt Kümmel. Das ist der Samen einer Pflanze und ist von heißer und trockener Natur, wie Platearius sagt. Aber die Pflanze hat lange, kleine Blätter, beinahe wie die Fenchelblätter oder wie die Dillblätter. Seine Blüte ist weiß oder gelblich und der Samen ist länglich, und es gibt davon verschiedene Arten: einer ist schwarz und einer gelblich, und einer ist der Feldkümmel und einer der Hauskümmel. Der schwarze ist kräftiger als der gelbe. Er hat die Eigenschaft, daß er die Winde im Leib beruhigt und auflöst und daß er kräftigt und das Kochen in dem Magen beseitigt und das Rülpsen und kräftige Aufstoßen zum Stillstand bringt. Den Ammen, die Wein mit Kümmel kochen und den trinken, denen vermehrt er die Milch, und bei den Männern vermehrt er den Samen der geschlechtlichen Vereinigung sehr stark. Wer Kümmelpulver in der Speise oder in Getränken zu sich nimmt und Wermut dazu mischt, dem öffnet er die Gänge zu dem Samen der geschlechtlichen Vereinigung, wenn es der Mann ist, oder zu der Milch, wenn es eine Frau ist. Wenn man das Gesicht mit seinem Wasser wäscht, wird es rein und hell. Wenn man es aber zu oft damit wäscht, dann wird das Gesicht blaß; wer es in Maßen gebraucht, dem macht es das Gesicht schön. Aber der Feldkümmel heilt die Wunden, wenn man sein Pulver in sie hineinstreut. Wenn man sein Pulver mit Essig mischt und daran riecht oder eine Scharpie da hineintaucht und die in die Nase steckt, dann kommt der Rotfluß aus der Nase zum Stehen. Wenn man Kümmel mit Wein trinkt, hilft das gegen den Biß giftiger Tiere.

Von der Nieswurz

ELEBORUS heißt Nieswurz, und davon gibt es zwei Arten: die eine heißt weiße und die andere schwarze Nieswurz. Die schwarze ist milder als die weiße, aber die sie sammeln, müssen darauf achten, daß sie vorher Knoblauch essen und starken Wein trinken, damit sie ihnen nicht schadet. Sie hat Blätter wie die Pflanze, die auf Latein *alexandria* heißt und die einige Wolfskraut oder Hundekraut nennen, weil ihr Pulver auf das Futter der Wölfe oder Hunde gestreut wird und sie tötet. Die schwarze Nieswurz hat einen kurzen Stengel, der schwarze Adern hat. Der Stengel selbst ist von sehr kräftiger Purpurfarbe, und an jeder Seite des Stengels ist ein Knolle, die wie eine Zwiebelknolle aussieht.
Die Pflanze wächst gerne an trockenen Stellen und an geborstenen Mauern. Wenn man ihre Wurzeln zerbricht, erkennt man, daß sie innen hohl sind; und in den Hohlräumen sind Gewebe, die wie Spinnweben aussehen; und sie schmeckt scharf auf der Zunge und beißt sie. Die Pflanze ist heiß und trocken und löst große Körper auf und zerkleinert sie und säubert so kräftig, daß sie wildes Fleisch wegbeißt. Sie hat die Eigenschaft, daß sie den Körper von seiner gegebenen Beschaffenheit in eine bessere Gestalt und einen jugendlichen Zustand verändert. Sie ist daher auch nicht für Frauen oder weibische Männer geziemend; sie ist nur bei männlichen Leuten und kräftigen, jungen Leuten angebracht, die

viel Blut haben, und ist mehr im März als zu anderen Zeiten und in dem auf den August folgenden Monat und vor allem dann geeignet, wenn die Leute fröhlich sind. Wie man sie aber einnehmen soll, das lehren die Ärzte. Wenn man sie mit Essig siedet, dann befreit sie von dem Ohrenpauken, und sie verbessert das schwache Gehör, wenn man sie in die Ohren träufelt, und spült man den Mund mit Essig aus, so beseitigt das den Zahnschmerz. Sie beseitigt auch die Krankheit, die *melancolica* heißt und von den Türken das Rasen genannt wird, wenn ein Mensch mit sich selbst redet und verrückte Dinge sagt. Sie ist auch gegen die Fallsucht gut, die *epilencia* heißt. Die weiße Nieswurz hat Blätter von derselben Gestalt wie die schwarze, außer daß sie an dem Stengel weiße Adern hat; ihre Wurzel gleicht der Wurzel der weißen Pappel, und die weiße Nieswurz ist bitterer als die schwarze und wächst gerne an bergigen Stellen. Man sammelt die Wurzeln der Pflanze in der Erntezeit und trocknet sie. Die Wurzel ist nicht sehr beißend auf der Zunge und zieht den Speichel an sich. Beißt sie aber stark, dann wirf sie weg. Die weiße Nieswurz ist heiß und trocken wie die schwarze. Wenn man die Pflanze in das Futter der Mäuse mischt, dann sterben sie. Der begibt sich in große Gefahr, der diese Pflanze gebraucht, denn sie bringt oft tödliche Krämpfe. Tut man ihr Pulver in die Nase, so ruft das bei dem Menschen Niesen hervor, und daher hat sie im Deutschen ihren Namen. Wer sie in Maßen gebraucht, dem schärft und kräftigt sie die Sehkraft, aber ihr übermäßiger Genuß ist Gift für Menschen, Schweine und Hunde; und die Hühner sterben an dem Kot des Menschen, der die Nieswurz gegessen hat.

Von dem Fenchelkraut

FENICULUM heißt Fenchel. Die Pflanze ist von heißer und trockener Natur, wie Platearius sagt, und ist ein zarter Körper und hat die Eigenschaft, daß sie den Harn treibt. Der Saft und die Blätter der Pflanze und ihre Wurzeln sind zu vielen Arzneien nützlich; und die sammelt man alle im Frühjahr. Die Rinde ihrer Wurzel ist gut gegen das Verstopfen der Leber und der Milz, wenn man sie in Wein siedet, und sie ist auch gegen die Ruhr und den Durchfall und gegen Blasensteine gut, wenn diese Dinge von kalten Ursachen herrühren. Kommen diese Dinge aber von heißen Ursachen, dann soll man statt dessen Fenchelwasser sieden. Wenn man Fenchelkraut siedet und es wie andere gekochte Pflanzen ißt, dann hilft das auch bei den vorgenannten Beschwerden. Es beseitigt auch die Blähungen im Leib und kräftigt das Kochen in dem Magen; diese Wirkungen tut auch das Pulver, das aus seinem Samen gemacht wird. Der Saft der Pflanze ist auch gegen verschiedene Trübungen der Augen gut und verbessert die Sehkraft. Alexander sagt, wenn die Schlangen nach dem

Winter aus den Höhlen gehen, dann essen sie Fenchel und reiben ihre Augen daran, dann werden sie ihnen klar. Die Pflanze ist auch gegen den Biß giftiger Tiere gut. Sie befreit auch den Magen von dem Unwohlsein und dem Sodbrennen und tötet die Würmer. Man soll ihren Saft fünfzehn Tage in einem ehernen Gefäß aufbewahren, und wenn man ihn dann in die Augen träufelt, so macht er die dunklen Augen klar.

Von der Hirse

GEGRUES heißt Hirse, und davon gibt es zwei Arten: die eine ist gemeine Hirse und heißt auf Latein *milium*. Die erstere hat struppige Blätter; die andere ist nicht so verbreitete Hirse und heißt auf Latein *panicum* und auf deutsch Fench. Sie hat eine Ähre, die so groß wie die eines Seekolbens[35] ist; darin sind viele Körner, die der Hirse völlig gleichen. Die Körner sind von kalter und trockener Natur und erzeugen schlechtes Blut und lassen sich im Magen nicht gut kochen und rufen den Aussatz hervor. Wenn einen aber der Magen schmerzt, als ob ein Stichling darin ist, der soll den Fench oder die Hirse in einem Topf dünsten und an den Leib halten, dann vergeht der Schmerz.

35 Seekolben – Rohrkolben

Von dem Bilsenkraut

JUSQUIAMUS heißt Bilsenkraut. Das ist eine sehr kalte Pflanze, und ihr Samen ist zu vielen Arzneien brauchbar und hat die Eigenschaft, daß er kühlt. Wenn man seine noch grünen Blätter oder seinen Samen zerstößt und etwas davon auf die Schläfen bei den Ohren bindet, so bringt das kräftigen Schlaf. Ihr Samen ist sehr gut für den Schlaf; wenn man daher Korn damit siedet und Vögel das Korn fressen, beginnen die so fest zu schlafen, daß man sie mit der Hand fangen kann. Den Samen soll man keinem Menschen zu essen geben, denn er verursacht das Leiden der Vergeßlichkeit, so daß ein Mensch nur schlafen will und viele Dinge vergißt. Dieses Leiden heißt auf Latein *litargia.*[36] Man schreibt von einem Bischof, der übermäßig stark von dem Brand der fleischlichen Begierde geplagt wurde und dagegen vieles versuchte. Schließlich nahm er den Saft der noch grünen Pflanze und kühlte damit seinen männlichen Geschlechtstrieb so sehr ab, daß ihm die sinnliche Begierde völlig verging. Das Öl, das aus dem Samen der Pflanze gewonnen wird, ist auch gut gegen Blähungen und ist gegen alle Krankheiten gut, die von heißen Ursachen herrühren.

[36] litargia – lethargus = Schlafsucht

Von der Alraune

MANDRAGORA heißt Alraune. Die Pflanze ist von heißer und trockener Natur und wächst in den Ländern gegen den Sonnenaufgang. Ihre Wurzel heißt *labro.* Sie gleicht dem Menschen, wie Avicenna sagt, und hat zwei Arten: eine weibliche und eine männliche. Die männliche hat Blätter wie die Bete, aber die weibliche hat Blätter wie der Lattich, außer daß die Blätter der Alraune ein wenig schärfer sind. Die Pflanze aßen die Kinder, als sie die zum erstenmal entdeckten, und viele starben daran; aber einigen kam man mit Butter und mit Honig zu Hilfe. Die Pflanze trägt Äpfel, die sehr gut duften und Erdäpfel heißen . . .

Die Wurzel der Alraune, ihre Rinde, ihre Blätter und ihre Früchte sind als Arznei sehr nützlich und haben die Eigenschaft, daß sie zusammenziehen und wegbeißen. Wenn man jemanden zum Schlafen bringen will, der krank darniederliegt, so nehme man Alraunpulver und mische das mit Muttermilch und mit dem Weiß eines Eies und lege es dem Kranken mit Hilfe eines Pflasters auf die Stirn und bei den Ohren auf die Schläfen. Gegen den Kopfschmerz, der von Hitze herrührt, soll man die zerstoßenen Blätter der Pflanze auf die Schläfen legen. Man macht Alraunöl auf folgende Weise: Als erstes muß man die Blätter der Pflanze gut zerstoßen und mit Baumöl mischen und das zusammen kochen. Danach seiht man es durch ein Tuch.

Das heißt dann Alraunöl und vertreibt den Kopfschmerz und die Fieberhitze, wenn man die Stirn und die Schläfen damit einsalbt. Koche ihre Wurzel mit Wein und gib das dem zu trinken, dem man die Glieder abhacken soll; der empfindet den Schmerz infolge seines tiefen Schlafs nicht. Wenn man etwas von der Wurzel der Pflanze in Wein legt, so macht er desto schneller betrunken, und das bewirkt vor allem die Wurzel der männlichen Pflanze. Aber wer diese Wurzel häufig gebraucht und häufig daran riecht, dem bringt sie die Fallkrankheit, die auf Latein *apoplexia* heißt. Man legt auch den Frauen etwas von dem Harz dieser Wurzel unter, das zieht das Kind aus der Gebärmutter. Die Alraune reinigt die Gebärmutter bei den Frauen, und wenn man die Alraune mit Schwefel mischt, der niemals mit Feuer in Berührung gekommen ist, und eine Frau sich darauf setzt, so befreit das sie von ihrer Menstruation.

Von der Petersilie

PETROSILIUM heißt Petersilie. Die Pflanze ist von heißer und trockener Natur, wie Platearius sagt, und davon gibt es zwei Arten: eine wilde und eine gezüchtete. Die gezüchtete eignet sich besser als Arznei und hat die Eigenschaft, daß sie das Harnwasser verdaut; und sowohl die Pflanze als auch die Wurzeln sind gut gegen Harnstein. Wer die Pflanze mit anderer Speise ißt, dem kräftigt sie das Essenkochen in dem Magen und befreit ihn von den Winden im Leib. Die Petersilie hat viele der Eigenschaften, die der Eppich hat, und gleicht ihm auch in der Form, außer daß ihr Stengel und ihre Blätter kleiner als die des Eppichs sind, der auf Latein *apium* heißt.

Von der Paeonie

PAEONIA heißt Päonie.[37] Die gleicht hinsichtlich der Blätter sehr stark der Nieswurz. Bei diesen Pflanzen gibt es sowohl männliche als auch weibliche, aber die weibliche Pflanze hat breitere Blätter als die männliche. Die Pflanze bringt aus einer Wurzel viele lange und aufgerichtete Blätter hervor, die ganz rot sind, wenn sie zuerst herauskommen; danach werden sie um so grüner, je länger sie werden. Die Pflanze, die weibliche wie die männliche, hat eine ganz rote Blüte mit breiteren Blättern als die Rosenblätter sind. Die Blüte bringt sie unter eine Kapsel, die ähnlich wie die Blütenkapsel der Seerose aussieht; und diese Kapsel öffnet sich in vier Tagen und läßt die Blüte heraus, und dann biegt sich die Kapsel zum Stengel herab. Danach wächst eine zweite Kapsel in der Blüte; die ist länglich, und darin wächst schwarzer Samen, der aufgrund seiner Schwärze strahlt. Wenn der Samen reif wird, dann öffnet sich die Kapsel von selbst,

[37] Päonie – Pfingstrose

die innen rot ist, und der Samen fällt heraus. Die männliche Pflanze hat eine Wurzel so groß wie ein Finger, aber die weibliche teilt ihre Wurzel und ihren Stengel in viele Teile. Die Pflanze ist von heißer und trockener Natur, wie Platearius sagt, und hat die Eigenschaft, daß sie die schwarzen Flecken am Körper wegnimmt; und sie ist auch gut gegen die Beinkrankheit oder das Fußleiden, das auf Latein *podagra* heißt. Ihr Samen ist gut gegen die Fallsucht, die auf Latein *epilencia* heißt. Man hat auch gesehen, daß die Kerne, wenn man sie einem Menschen um den Hals hängt, gegen diese Krankheit helfen, wie Galienus sagt. Jedoch hat man das nicht bei der gemeinen Päonie festgestellt. Isaac der Jude sagt, ein Dampfbad aus den Samen dieser Pflanze sei für die vom Teufel besessenen Leute gut, die auf Latein *demoniaci* heißen, und für die hinfallenden, die *epilentici* heißen. Die Frucht der Pflanze, mit Rosenhonig eingenommen und getrunken, helfe diesen Kranken sehr; und wenn man fünfzehn von den Körnern mit Rosenhonig trinke, sei das gut gegen die Geister, die bei den Frauen in der Art und Weise wie ein Mann schlafen und auf Latein incubi heißen. Der Samen der Pflanze kräftigt auch den Magen, und ihre Wurzel ist gegen die Gelbsucht gut, die auf Latein *ictericia* heißt, und öffnet die Verstopfung der Leber, die *oppilacio* (obstipatio) *(h)epatis* heißt. Die Wurzel der Pflanze, in der Größe eines Mandelkerns, in Wein gekocht und getrunken, reinigt den Menschen von seinen

Flüssigkeiten und fegt den stinkenden Kot aus ihm.

Von dem Senf

SINAPIS heißt Senf. Die Pflanze ist von heißer und trockener Natur. Sie zerschneidet die zähe Flüssigkeit, die auf Latein *phlegma* heißt, und vor ihrem Dunst flieht das giftige Gewürm. Es gibt zwei Arten von Senf: wilden und gezüchteten, aber der wilde ruft schlechte Flüssigkeiten in dem Körper hervor. Der gezüchtete Senf ist für vieles nützlich. Seine Blätter und seine Wurzel dienen demjenigen, der sie kocht, als Nahrung. Er reinigt das Gesicht und zeigt fauliges Blut in dem Menschen an. Ein daraus gefertigtes Pflaster entfernt Eiter und andere Unsauberkeiten. Einige sagen auch, daß er demjenigen, der den Senf nüchtern trinkt, den Verstand klar mache und das Gehirn reinige, aber er sei nicht gut für die Brust. Er ruft auch die geschlechtliche Begierde hervor.

Edelsteine und Edelmetalle

Von dem Adamas[38]

ADAMAS ist ein Edelstein, und davon gibt es zwei Arten: den einen findet man in dem Land Indien, wo dieses Land endet; und man findet ihn in Haufen von Kristallen, und er gleicht auch in der Farbe dem Kristall, außer daß dieser Adamas wie frisch gefeiltes Eisen glänzt. Der Adamas ist sehr hart, so daß man ihn weder mit Eisen noch mit Feuer zerbrechen kann, aber man zerbricht ihn mit frischem Bocksblut, das gerade erst herausgeflossen und noch warm ist. Mit den spitzen Stücken des Steins schneidet man in andere harte Edelsteine. Dieser Adamas ist nicht größer als eine Haselnuß. Man sagt auch, daß er demjenigen Glück bringe, der ihn von seinem Freund umsonst erhalte, aber er nütze demjenigen nichts, der ihn kaufe. Es sagen auch die Steinkundigen, daß seine Kraft um vieles größer sei, wenn man ihm, falls er zu einem Ring verarbeitet werden soll, in der Fassung eine Unterlage aus Eisen mache; aber der Fingerring soll wegen des großen Wertes des Steins aus Gold sein.

Die zweite Art von Adamas ist aber viel weniger wertvoll und minderwertiger als die erste Art. Den findet man in dem Land Arabien und ganz nahe an dem zyprischen Meer und in Ferrara, und er ist von dunkler Farbe wie Eisen und ist größer als die erste Art. Diesen Adamas kann

[38] Adamas – der Diamant?

man ohne Bocksblut zerbrechen. Er hat die Eigenschaft, daß er Eisen an sich zieht, so wie es der Magnetstein tut; aber der Adamas nimmt dem Magneten das Eisen, wenn er gegenwärtig ist. Er zeigt auch den Nordstern[39] an. Wenn daher die Schiffer auf dem Meer wegen dichter Nebel nicht sehen können, auf welches Gestade sie zufahren, dann nehmen sie eine Nadel und reiben ihre Spitze an dem Adamas und stecken sie dann in ein Becken oder in eine Schüssel voll Wasser; und einer bewegt den Adamas mit der Hand außen um das Gefäß herum, in dem die Nadel ist, dem folgt innen die Nadelspitze, so daß sie sich in dem Gefäß auch kreisförmig dreht. Wenn das mehrmals geschehen ist, so zieht derjenige, der den Adamas geführt hat, ihn schnell herunter und versteckt ihn. Wenn nun die Nadelspitze ihren Führer verloren hat, so wendet sie sich genau dem Nordstern zu und bleibt da sofort stehen und bewegt sich nicht mehr; und danach richten sich dann die Schiffer, denn der Stern steht am Himmel im Norden, dem Süden oder Mittag gegenüber, wo der Himmelswagen[40] steht. Das verstehe so, daß sich die Schiffer nach den Endpunkten des Kreuzes richten, das die ganze Welt umschließt: Osten, Westen, Süden, Norden. Wenn sie nun die eine Himmelsrichtung, den Norden, wissen, dann richten sie sich danach. Man sagt auch, daß der

[39] Nordstern – (Nord-)Polarstern
[40] Himmelswagen – Sternbild des Bären

Stein in der Zauberkunst nützlich sei: wer ihn trage, den stärke er gegen seinen Feind und vertreibe und verscheuche ihm belanglose Träume und zeige Gift an. Man sagt auch, daß er schwitze, wenn Gift in seiner Nähe ist. Man sagt auch, er helfe den mondsüchtigen Leuten, die ihren Verstand entsprechend dem Lauf des Mondes verändern; und er hilft auch den vom Teufel Besessenen. Der Stein will, daß man ihn an der linken Seite trägt.

Von dem Allectorius

ALLECTORIUS ist ein Stein von der Größe einer Bohne und gleicht hinsichtlich der Farbe einem Kristall, außer daß er dunkler ist. Der Stein wächst in dem Magen eines Hahns, wenn man ihn im Alter von drei Jahren kastriert und ihn danach sechs Jahre leben läßt. Wer den Stein im Mund trägt, dem löscht er den Durst. Er macht den Menschen siegreich und bringt Frieden und stellt die Ehre wieder her und macht beredsam und macht den Menschen allen Leuten angenehm. Vor allem aber ruft er in den Männern die Liebe zu ihren Frauen hervor, und deshalb heißt er auf Latein *allectorius*, das heißt ein *Anlocker*. Damit er das alles bei dem Menschen bewirkt, soll man ihn in dem Mund eingeschlossen tragen.

Von dem Karbunkelstein

CARBUNCULUS ist der edelste unter allen Steinen und hat die Kraft aller Steine. Er ist so hell, daß er mit seiner strahlenden Helligkeit einen schwachen Blick blendet und betäubt, aber er erweitert das Denken des Menschen. Die Farbe des Steins ist feurig, und er strahlt nachts mehr als am Tag, denn am Tag ist er dunkel; aber in der Nacht strahlt er so hell, daß er in seiner Nähe die Nacht zum Tag macht, und der Stein heißt auf griechisch *antrax.* Der Stein wächst in dem Land Libyen, und davon gibt es drei Arten. Der erste ist der wertvollste und heißt Karbunkel. Der zweite heißt Rubin und ist auch feuerfarbig, aber nicht gar so hell wie der Karbunkel, und der vertreibt nicht die Finsternis in der Nacht; er ist ihm auch hinsichtlich der Kräfte ungleich, doch ist er hinsichtlich der Kräfte und der Farbe edler als andere Steine. Der dritte ist der wertloseste hinsichtlich der Farbe und der Kräfte, der heißt *balastus.* Doch schätzt man ihn höher als den Saphir oder den Jaspis. Diesen Stein habe ich mit der Weisheit unserer Frau gleichgesetzt, mit der sie die göttliche Dreifaltigkeit und das göttliche Wesen zu erkennen sucht; und dieses Bemühen um Erkenntnis hat die Kraft allen Bemühens um Erkenntnis, denn in Gott sieht man alle Dinge von Gott. Aber den Beryll habe ich mit der Klugheit unserer Frau gleichgesetzt, mit der sie wählen kann, das Gute zu tun und das Böse zu lassen. Die zwei, die Weisheit und die Klugheit, sind nicht dasselbe, denn Weisheit ist eigentlich ein Suchen nach der Erkenntnis göttlicher und übernatürlicher Dinge und heißt auf Latein *sapientia*. Aber die Klugheit ist die Umsicht beim menschlichen Handeln, das festzuhalten und das fahren zu lassen, und heißt auf Latein *prudentia*. Mit diesen zwei Steinen ließe sich eine gute Predigt über unsere Frau halten.

Von dem Chrysolith

CHRYSOLITUS ist einer der zwölf Steine[41] und ist vielfarbig, indem er dunkelgrün ist und goldene Funken da hineingemischt hat und wie Feuer funkelt. Wer den Stein in Gold gefaßt trägt, den schützt er gegen die Nachtfurcht. Wenn man den Stein durchbohrt und die Öffnung mit Eselshaar füllt, dann vertreibt und verjagt er die bösen Geister. Man soll ihn an der linken Seite tragen. Der Stein kommt aus dem Land der Mohren. Den habe ich unserer Frau hinsichtlich ihres Glanzes gleichgesetzt, denn sie schützt den Sünder vor der Nachtfurcht und vor der Finsternis des ewigen Todes.

41 einer der zwölf Steine – einer der in der Offenbarung des Johannes genannten zwölf Steine (Offenbarung 21, 19–20)

Von dem Sonnenwender

(H)ELITROPIUS heißt Sonnenwender. Wenn man den in ein Gefäß mit Wasser tut, so macht der die Sonne blutrot, als ob sie ihren Schein verloren habe. Läßt man das Gefäß beständig kochen und versprengt das Wasser wie Regen, und wenn dann verzückte Leute zugegen sind, werden die von sich entrückt und sagen zukünftige Dinge voraus. Wer den Stein trägt, den stärkt er und verlängert ihm das Leben. Er bringt das Bluten zum Stehen und vertreibt Gift und schützt den Menschen vor Schmerzen. Wer die Pflanze nimmt, die Sonnenwirbel oder Ringelblume heißt, und sie unter den Stein legt und das mit dem Zauberspruch beschwört, der dazu gehört, den macht der Stein unsichtbar. Der Stein ist grün wie ein Smaragd und ist mit blutroten Tröpfchen besprengt. Man findet ihn im Land der Mohren und in Zypern und in Afrika.

Von dem Feuerstein

GAGATES heißt ein Feuerstein oder Brandstein.[42] Den findet man in dem Land Lykien[43] bei Preußen und in Britannien. Es gibt davon

[42] Feuerstein oder Brandstein – Gemeint ist der Bernstein; Gagat ist die Bezeichnung für die Pechkohle bzw. den schwarzen Bernstein, eine pechschwarze, wachsglänzende Braunkohle

[43] Lykien – Litauen?

zwei Arten: schwarzen und hellen. Doch ist der helle von zweierlei Art: einer weiß, der andere gelb. Wenn man den Stein reibt, bis er heiß wird, dann zieht er Hälmchen an sich, und wenn er mit Wasser gewaschen wird, dann brennt er und wird mit Baumöl zum Erlöschen gebracht. Er hilft den an Wassersucht Leidenden sehr. Er festigt die lockeren Zähne, und wenn man ein Dampfbad davon macht, dann bewirkt er bei den Frauen die Regel. Er hilft auch dem Fallsüchtigen, wenn man ihn bei ihm anzündet . . . Der Feuerstein vertreibt die bösen Geister, und wenn die bösen Geister durch den Mund eines besessenen Menschen reden, dann zwingt der Rauch des Steins sie, daß sie schweigen müssen. Der Stein hilft auch bei verdorbenem Magen und ist in der Zauberei nützlich. Das Wasser, in dem der Stein drei Tage gelegen hat, ist für die schwangeren Frauen gut und erlöst sie schnell von den Bändern.[44] Wenn ein junges Mädchen, das noch jungfräulich ist, das Wasser trinkt, dann passiert ihm nichts; ist sie aber nicht mehr jungfräulich, dann bepisst sie sich sofort; so verrät sie ihr eigenes Wasser.

[44] von den Bändern – die Bänder, an denen das Ungeborene im Mutterleib hängt

Von dem Jaspis

JASPIS ist ein grüner Stein und ist einer der zwölf Steine, die auserwählte Steine heißen und die Johannes sah. Doch hat er rote Tröpfchen in das Grün eingesprenkelt, und der ist der beste, der durchsichtig ist. Wenn der Mensch, der den Stein trägt, keusch ist, so vertreibt er bei ihm das Fieber und die Wassersucht. Er hilft auch den Frauen bei der Geburt und macht seinen Träger sorgenfrei und wohlgefällig, wenn er mit dem Steinsegen gesegnet ist, und vertreibt die bösen Träume im Schlaf oder sonstwo. Er hat auch die Eigenschaft, daß er von größerer Kraft ist, wenn man ihn in Silber statt in anderem Metall trägt. Von dem Stein gibt es verschiedene Arten, und man findet ihn in vielen Ländern, denn eine Art ist ganz rot wie Feuer und durchsichtig und die ist sehr kostbar. Eine zweite Art ist auch rot, aber nicht durchsichtig, und der ist nicht so wertvoll. Der grüne Jaspis, der die körperliche Sehkraft stärkt, bedeutet den Glauben, der die geistige Sehkraft stärkt. Aber ich habe ihn mit unserer Frau in meinem Lobgesang gleichgesetzt wegen ihrer Enthaltsamkeit, denn diese Tugend, die auf Latein *temperantia* heißt, stärkt die körperliche und geistige Sehkraft.

Von dem Magneten

Der Stein *magnes* hat die Farbe von Eisen. Er zieht das Eisen an sich, wenn der Adamas nicht zugegen ist. Man sagt auch, daß der Stein in der Zauberkraft nütze. Er hat eine wundersame Eigenschaft, wie man sagt: Wenn ein Mann wissen will, ob seine Frau eine Ehebrecherin ist oder nicht, so lege er ihr den Stein unter den Kopf, wenn sie schläft. Ist sie treu und ehrbar, dann umfängt sie im Schlaf ihren Ehemann mit den Armen; ist sie aber untreu und betrügerisch, so fällt sie im Schlaf von dem Bett herunter, als ob sie davon gestoßen worden sei. Der Stein schlichtet auch Kampf und Zürnen zwischen Eheleuten. Er ist aber auch für die Diebe nützlich. Wenn nämlich Diebe in ein Haus kommen, so legen sie glühende Kohlen in den vier Ecken des Hauses aus und streuen Stückchen von dem Magneten darauf. Dadurch werden der Verstand und die Augen der Leute in dem Haus so verwirrt, daß sie glauben, das Haus wolle zusammenfallen, und fliehen aus dem Haus; dann nehmen die Diebe, was sie wollen. Das sagen die Steinkundigen. Wenn man den Stein zerreibt und ihn mit Milch mischt, dann hilft er den Wassersüchtigen; und wenn er zu Pulver zerrieben ist, dann hilft er bei Brandwunden. Den Stein findet man bei den Dragoditen und bei den Indern. Isidorus sagt, daß der Stein um so besser sei, je gelber er ist. Er zieht auch Glas an sich wie das Eisen. Sankt Augustinus sagt, daß ein eisernes Bildnis nur durch die Kraft des Steins in der Luft gehangen habe.

Von dem Memphiten

MEMPHITES ist ein Stein, der aus der Stadt Memphis in dem Land Ägypten kommt. Der hat eine Farbe fast wie Feuer. Wenn man den zerreibt und ihn mit Essig mischt und ihn denjenigen gibt, die man brennen[45] oder schneiden will, die werden dann an ihrem Körper so unempfindlich, daß sie den Schmerz nicht empfinden.

Von dem Ostolanen

OSTOLA oder *optalius* ist ein Stein, dessen Farbe die Wissenschaftler nicht angeben, damit man ihn nicht leicht finde. Wer ihn nämlich trägt, den sieht niemand, aber er selbst sieht sehr gut, und deshalb schätzen ihn die Diebe sehr.

Der Menschenstein

PIROPHOLOS kann man Menschenstein nennen. Wie nämlich der Magister Eusculapius (Aescula-

45 brennen – kauterisieren; das Ausbrennen von Wunden war ein im Mittelalter allgemein übliches medizinisches Verfahren

pius) dem Kaiser Octaviano Augusto schreibt, ist der Stein sehr kostbar und entsteht aus dem Herzen eines Menschen, der durch Gift getötet worden ist, denn das Herz kann man nicht im Feuer verbrennen. Wenn man das Herz neun Jahre ununterbrochen im Feuer beläßt, dann wird ein Stein daraus, der überaus große Kräfte hat. Denn wie derselbe Magister sagt, schützt der Stein seinen Träger vor Blitzen und Donner und macht die Herren siegreich in den Kämpfen und schützt sie vor Gift. Den Stein trug Alexander, wie man sagt, in einem purpurnen Leibgurt. Und als er von dem Land Indien zurückkam und zu dem Fluß Euphrat kam, da zog er seine Kleider aus, um in dem Fluß zu baden. Währenddessen kam eine Schlange und biß den Gürtel mit dem Stein ab und ließ ihn in den Fluß fallen. Das hat Aristoteles in einem Buch über die Schlangen geschrieben. Nun glauben die Wissenschaftler, daß dieser Stein und der Menschenstein, der gemeinhin *lapis humanus* heißt, ein und derselbe Stein seien. Von ihm sagt man, daß er den Menschen vor dem plötzlichen Tod schütze und daß er nicht sterben könne, solange er den Stein in seiner Hand halte. Doch bewahrt er den Menschen nicht vor Krankheit und vor Schmerzen und verlängert vielmehr das Leben im Leiden, wie man es auch von dem Land der Lebenden schreibt, wo niemand stirbt, das Dialle oder Trivallis heißt. Der Stein ist von sehr kräftiger roter Farbe, mit etwas Weiß darin gemischt.

Von dem Saphir

SAPHIRUS ist ein sehr edler Stein und ist einer von den zwölfen, die Johannes sah. Der Stein ist himmelblau, denn er ist hellblau. Doch kann er nie so hell werden, daß er ein Bild aufnehmen kann, wie der Spiegel. Wenn der Schein der Sonne von dem Stein zurückgeworfen wird, dann gibt er einen brennenden Glanz ab und ist den himmlischen Kräften ständig zugeneigt. Aber der ist der beste, der aus Indien kommt, und der ist nicht durchsichtig. Der Stein erhält dem Leib und den Organen ihre natürliche Kraft, die auf Latein *vegetatio* heißt, und besänftigt die inneren Brände und bringt den Schweiß zum Stillstand und beseitigt Augen- und Stirnschmerzen und heilt auch das Sprachleiden und beruhigt Geschwulste und heilt Geschwüre und vertreibt die grauenhafte Krankheit, die das Gesicht zerfrißt und auf Latein *noli me tangere* heißt, das bedeutet: rühr mich nicht an. Aber danach verliert der Stein seine Farbe. Der Stein ist auch gut gegen Treulosigkeit, gegen Haß und gegen Erschrecken und fördert den Frieden. Aber wer ihn trägt, der muß sehr darauf achthaben, daß er keusch ist.

Es gibt auch Saphire bei der Stadt Poi gegen Sonnenaufgang, die wenig Geld wert sind und sehr geringe Kraft haben. Sie haben die Farbe wie ein dunkler Kristall; aber man unterlegt sie im Fingerring mit blauen Unterlagen, damit sie etwas blau scheinen. Von denen bringt man viele nach

Deutschland, aber sie haben keine Kraft. Doch die von dort kommen und die Form haben, die Saphire aus dem Orient, das ist aus der Richtung des Sonnenaufgangs, die sind die besten von ihnen und haben große Kraft; doch man findet wenige von ihnen. Die Saphire, die aus dem Orient kommen, die sind die besten, und vor allem diejenigen, die oben weiße Wölkchen haben und von dichter Farbe sind. Es gibt auch einige Saphire aus dem Orient, die einen Rubin beigemischt haben, und die sind die hellsten und kräftigsten von ihnen. Die Zauberer benutzen den Stein oft bei ihren Künsten.
Der Saphir, der dem hellen Himmel gleicht und einen brennenden Glanz abgibt, wenn die Sonne von ihm zurückgeworfen wird, der bedeutet die Hoffnung, durch die wir in die ewige Freude gezogen werden, und wo wir dann von der heißen Flamme der göttlichen Liebe entzündet und durchflammt werden und die Welt gering achten, so daß wir mit Sankt Paulus sprechen können: *Unser Umgang ist im Himmel.* Und deshalb spricht Gott durch den Mund des Propheten, der Jesaja heißt, zu dem Menschen, dem seine Fürsorge gilt: *Ich will dich auf Saphir gründen;* das heißt auf die Hoffnung. Deshalb habe ich unsere Frau mit dem Stein gleichgesetzt und habe gesagt: *tu saphirus sancte spei*, das heißt: du bist ein Saphir der heiligen Hoffnung, denn ich weiß keine sicherere Zuflucht in allen Ängsten und Nöten, wenn der oberste Richter dann über den Leib und die Seele richten soll,

als den vollkommen edlen Saphir, die Mutter der Barmherzigkeit, Maria. Kein Jude noch irgendein anderer Ketzer kann mich davon abbringen, denn ich sage, daß ich das Symbol der Wahrheit mehr als einmal in meine Seele eingeprägt habe, und deshalb leide ich. Niemand darf fragen, warum ein Mensch mehr leidet als hundert andere.

Von dem Smaragd

SMARAGDUS ist ein sehr edler Stein und ist auch einer der zwölf Steine; der ist grüner als alle anderen grünen Dinge. Doch gibt es von ihm mehrere Arten. Aber der ist der beste, den man in dem Land der Skythen findet, und man nimmt ihn aus dem Nest der Greifen, denn die bewachen ihn mit großer Wildheit. Der allerbeste von diesen Steinen ist derjenige, der durchsichtig ist und dessen grüne Farbe weder durch die Sonne noch durch anderes Licht noch durch Schatten dunkel wird. Der hat das beste Aussehen, der glatt ist, denn wenn er Vertiefungen hat, dann ist er dunkel. Wenn man den Stein in Keuschheit und Sittsamkeit trägt, dann vertreibt er die Fallsucht. Er stärkt die Sehkraft und macht die Augen klar, und wenn man ihn mit Baumöl wäscht und einreibt, so wird seine grüne Farbe verstärkt. Er mehrt den Reichtum und gibt Glück in allen Geschäften und macht den Menschen wohlgefällig in seinen Worten und hilft denjenigen, die verborgene Dinge erforschen; er wendet Unwetter ab und dämpft den Geschlechtstrieb. Wenn man in Gegenwart des Steins den Geschlechtsakt vollzieht, dann zerbricht er.

Der Smaragd bedeutet Keuschheit, denn die erhält den Körper des Menschen grün, das heißt unversehrt und rein. Diese Tugend übertrifft alle anderen Tugenden bei dem Menschen, denn daß ein Mensch keusch und rein bleibe, das ist mehr engelgleich als menschlich. Diese Tugend ist Gott sehr wohlgefällig und den Menschen und auch den Engeln. Sie trägt das Vorbild unseres Herrn Jesu Christi in sich, denn sie folgt dem göttlichen Lamm, wohin es geht; und deshalb setzt Sankt Johannes den Stein an die vierte Stelle bei der Aufzählung der zwölf Steine, denn die vier Evangelisten preisen die Keuschheit mit sehr großem Eifer.

Den Smaragd habe ich mit unserer Frau wegen ihrer Reinheit und Keuschheit gleichgesetzt, die Gott so wohlgefällig war, daß er sich selbst in der Zelle ihrer keuschen Reinheit einschloß. Eia, wie wunderbar süß ist das Betrachten und das Erkennen, wenn ein Mensch erkennt, in welcher Liebe und mit wie großer Freude sich die göttliche Blume mit dem reinen Tau der keuschen Jungfrau umschloß und um unsertwillen Mensch wurde.

Von dem Sileniten

SILENITES ist ein Stein, der sehr schön aus verschiedenen Farben zusammengesetzt ist: aus weißer, aus roter, aus grüner und aus purpurner. Den tragen die Schnecken in dem Land Indien, und es gibt einige Arten dieser Steine, die grün sind. Wer den Stein im Mund trägt, der wahrsagt von zukünftigen Dingen. Wenn du gerne von möglichen Dingen wissen möchtest, die noch nicht geschehen sind, ob sie geschehen werden oder nicht, und du den Stein unter der Zunge hast, dann rolle ihn in deinem Mund hin und her: entweder geschieht das oder nicht. Sehr bald fällt dein Sinn auf eines davon und kann davon nicht lassen. Und diese Eigenschaft hat der Stein nur, wenn der Mond zunimmt, und hat sie früh zur sechsten Stunde und an dem ersten Tag nur eine Stunde, an dem zehnten die erste und die sechste Stunde. Aber wenn der Mond abnimmt, dann hat er diese Eigenschaft nicht.

Der Stein kann nicht durch Feuer zerstört werden und stellt die Liebe zwischen den Leuten wieder her, die einander hassen. Er hilft auch den Menschen, die an der Schwindsucht leiden, die auf Latein *tysis* (phthisis) heißt.

Von dem Topaz

TOPAZIUS ist auch einer der zwölf Steine, die Johannes sah, und gleicht in der Farbe dem Gold; und er ist der edelste unter dieser Art von Steinen. Aber es gibt eine andere Art: der Stein ist viel heller und seine Farbe ist viel zarter, aber er ist von geringerem Wert als der erste. Der Stein ist gut für die Mastdarmblutadern, die zum After führen. Man sagt auch, daß er den Mond wahrnehme. Er beruhigt kochendes Wasser, wenn man ihn hineinsteckt, und verkehrt Zorn und unkeusche Begierde in ihr Gegenteil. Der Stein kommt aus dem Land Arabien und wurde zuerst auf der Insel Topazi gefunden. Plinius sagt, man habe den Stein von einer solchen Größe gefunden, daß Ptolomaeus Philadelphus eine vier Daumellen hohe Säule daraus machen ließ. Wenn du den Stein polierst und schön machen willst, dann wird er dunkel. Beläßt du ihn aber in seinem natürlichen Zustand, dann glänzt er schön.

Den Stein habe ich mit dem Glanz unserer Frau gleichgesetzt, denn je mehr man sie vor anderen Geschöpfen preist, desto mehr mindert man ihre Herrlichkeit; wenn man sie aber in der ihr eigenen Herrlichkeit beläßt, das heißt, daß sie als Jungfrau den wahren Gott gebar, wahrlich, so überstrahlt sie wirklich schön alles andere Geschaffene, es seien Engel oder Himmel oder andere Dinge. Und wenn man sie etwas anderes nennt als Gottesgebärerin oder was dem gleich ist, wahrlich, so wird ihr Ruhm herabgewürdigt. Aber daß wir sie vor anderen Dingen preisen, das macht unseren Eifer lobenswert und bezeugt, daß wir Armen ihr gerne gäben, hätten wir etwas, und das nimmt sie dann statt dessen an.

Von dem Gold

AURUM heißt Gold. Das ist von warmer Natur, wie Plinius sagt. Wenn man es zu Pulver zermahlt, dann heilt es den Aussatz und die Krätze, wenn man es mit edlen Salben mischt. Die Wunden, die man mit Gold macht, die schwellen nicht an. Es ist auch zweimal so schwer wie Silber oder Kupfer oder Zinn. Es ist auch edler als anderes Metall und aus den vier Elementen vortrefflich gemischt, indem es warm und kalt, feucht und trocken in einem besseren Mischungsverhältnis ist als andere Metalle. Es glänzt immer, und kein Rost kann es verzehren. Man findet es in einigen Bächen und in Quellen und auch in den Bergen, aber das ist selten. Es erfordert auch viel Arbeit, es herauszuwaschen; wie klein man es auch findet, man findet es in reinerem Zustand als andere Metalle, indem es nicht mit Erde oder mit Schlamm vermischt ist wie Kupfer oder Silber, obwohl es in der Erde und im Schmutz liegt.
Gold hat die Eigenschaft, daß es stärkt und säubert oder reinigt. Es ist auch dauerhafter und formbarer als andere Metalle und läßt sich bes-

ser biegen und ziehen. Gold ist gut gegen die Herzkrankheit und die Ohnmacht und die Kälte des Magens. Der Wein, in dem Goldblättchen gelöscht sind, ist für die Milzkranken gut. Wer den aber nicht hat, der nehme Wein, in dem Stahl gelöscht ist. Wenn man bei einem Menschen eine Wunde ausbrennen will, so wird das besser mit goldenen Instrumenten als mit anderen. Das Gold wird zum Tag hin kühl; auf diese Weise erkennen die Nachtschwärmer, wann der Tag am Morgen drohen will. Das Gold entsteht tiefer in der Erde als irgendein anderes Metall; und je tiefer es in der Erde ist, um so näher ist es der Hölle, und deshalb sagt man: Geh zum Teufel um Gold. Die Ausscheidung des Goldes, das ist sein Schaum, heißt auf Latein *cadmia*, und wer diesen Schaum in die Augen träufelt oder sonstwie hineinbringt, dem beißt er die Flecken aus den Augen, wie Platearius sagt. Wenn man das Gold hämmert, so wird es hell und weicht dem Hammer und breitet sich nach allen Seiten aus. Dasselbe tut der rechtschaffene Mensch: Wenn er Leid erfährt, dann wird seine Vernunft oder sein Blick klar, und er wird mit dem Verlangen nach Gott entflammt.

Du sollst wissen, daß das Gold wertvoller ist als alle anderen körperlichen Dinge, die aus den Elementen gebildet werden, weil es weder durch Luft noch durch Wasser noch durch Erde zerbrochen wird, noch wird es im Feuer kleiner; im Feuer wird es besser und erhält darin eine Feuchtigkeit. Das Gold kann auch kein Schwefel verbrennen, der doch andere Metalle verbrennt, denn seine natürliche Beschaffenheit ist eine ebenmäßige Mischung aus den reinen Elementen. Es hat zehn Teile Hitze und zehn Teile Kälte, zehn Teile Feuchtigkeit und zehn Teile Trockenheit. Das sagt das lateinische Buch.[46] Aber das sage ich nur mit Widerwillen, denn das ist schwerlich richtig. Weil das Gold von so ebenmäßiger Mischung ist, haben die Gelehrten seinen Namen verherrlicht und haben festgestellt, daß es sehr dauerhaft ist, wie zuvor gesagt wurde. Das Gold ist unter den Metallen das, was die Sonne unter den anderen Gestirnen ist. Das Pulver aller Metalle hält nicht lange, wenn man es für Arzneien aufbewahrt.

46 das lateinische Buch – Gemeint ist das Werk von Thomas von Cantimpré *Liber de natura rerum*, die Vorlage für Konrad von Megenbergs *Buch der Natur*

Wunderliche Quellen
und merkwürdige Menschen

Bei den Garmanten gibt es eine Quelle, die ist am Tag so kalt, daß niemand daraus trinken kann, und in der Nacht so heiß, daß auch niemand daraus trinken kann; und sie bedeutet diejenigen, die nie ein gutes Werk tun, und wenn man sie deswegen tadelt, finden sie stets Ausreden.

In dem Land Idumaea ist eine Quelle, die ändert viermal im Jahr ihre Farbe und behält jeweils drei Monate eine Farbe, wie Origines sagt und die Historia Jeronimi. Sie ist aschfarben oder trüb, blutrot, grün und weiß. Die Quelle bedeutet die Unbeständigen.

In dem kalten Land Norbeia[47] ist eine Quelle, die verwandelt alles, was man da hinein tut, in Stein, doch behalten diese Dinge ihre alte Farbe; und das macht die Quelle so ausnahmslos, daß sie sogar Kleider zu Stein macht. Das befahl Kaiser Friedrich zu erkunden und schickte eine Gesandtschaft dahin.

Es wohnen sehr merkwürdige Leute jenseits des fließenden Gewässers, das Ganges heißt; die gehen freiwillig durch ein Feuer aus Liebe zu dem zukünftigen Leben.

Es gibt auch Leute, die Vater und Mutter töten, wenn sie alt sind, und ihr Fleisch für ein Gastmahl zubereiten und das mit ihren Verwandten essen. Sie betrachten das als ein heiliges, gutes

47 Norbeia – Norwegen

Werk; und wer das nicht mit ihnen macht, den halten sie für einen gottlosen Menschen.
Es gibt auch Leute, groß wie Riesen, die mit Leichtigkeit über einen Elefanten springen, der doch ein sehr großes Tier ist.
Es gibt auch kleine Menschen, die nicht viel größer als eine Daumelle sind.
Es gibt auch Frauen, die gebären einmal grauhaarige Leibesfrüchte, und wenn die Leibesfrüchte leben, dann wird ihr Haar im Alter schwarz.
Es gibt auch Frauen, die nur fünfmal gebären, und danach leben sie nicht länger als acht Jahre.
Es gibt auch andere Leute, die essen rohen Fisch und trinken das salzige Meerwasser.
Es gibt auch Leute, die haben nach hinten gedrehte Hände und an jedem Fuß acht Zehen.
Es gibt auch Leute, die haben die Fersen nach vorne gedreht. Hieronymus, der heilige Lehrer, berichtet von Leuten, die er *cynocephalos* nennt; die haben Hundeköpfe und scharfe, gekrümmte Nägel an den Gliedmaßen und sind an dem Körper behaart und sprechen nicht, sondern bellen wie die Hunde.
Es gibt auch Leute, die so kleine Münder haben, daß sie nur mit einem dünnen Halm Substanzen in sich hineinsaugen und auf keine andere Art essen.
Es gibt andere Leute, die essen Menschenfleisch und folgen den Fußspuren der Menschen, bis sie ihnen über ein Gewässer hinweg entfliehen.
Es gibt dort auch einäugige Leute, die *arima-*

spi[48] oder *cyclopedes* (cyclopes) heißen und nur ein Auge mitten auf der Stirn haben.
Es gibt Leute, die haben nur einen Fuß und laufen sehr schnell; und der Fuß ist so groß, daß er gegen die Sonne gestreckt einen weiten Schatten gibt; und sie ruhen unter ihrem Fuß wie andere unter einem Schutzdach.
Es gibt auch Leute ohne Kopf, die ihre Augen an den Achseln haben und statt des Mundes und der Nase zwei Löcher auf der Brust haben; und sie sind überall behaart mit kräftigem Haar wie die wilden Tiere.
Es gibt auch Leute, die von nichts anderem sich ernähren, als daß sie an einem Apfel riechen; und wenn sie weit weg gehen wollen, so tragen sie den Apfel bei sich, denn wenn sie einen üblen Geruch riechen würden, müßten sie sterben.
Es gibt auch wilde Leute, bei denen jeder sechs Hände hat.
Es gibt auch über die Maßen schöne Frauen, die an einem Gewässer in dem Land Indien leben; aber sie haben schreckliche Zähne wie Hunde und sind am ganzen Körper weiß wie Schnee.
Es gibt auch kleine Leute, die auf einem Berg in Indien leben; die heißen *pigmaei*. Sie sind zwei Daumellen lang und kämpfen mit den Kranichen. Die Leute gebären in dem dritten Jahr und altern in dem achten.

48 arimaspi – Arimaspen, ein in mythisches Dunkel gehülltes Volk hoch im Norden von Skythien; nach Herodot waren diese Menschen einäugig und kämpften ständig mit den Geiern, deren Gold sie zu rauben suchten

Es gibt Leute an dem fließenden Gewässer, das Btixantis heißt, die völlig weiße Körper haben und zwölf Schuh groß sind. Die haben ein zweigeteiltes Gesicht und eine lange Nase und sind mager.
Es gibt auch Leute, die *oxidrates* oder *gymnosophistae* heißen; das sind völlig nackte Leute, die nackt in Armut und Demut gehen und die vergängliche Welt geringschätzen. Die tun niemandem einen Schaden an und wehren sich nicht mit Waffen. Sie wohnen in Höhlen und Gebüschen und streben nicht nach Häusern oder Städten; ihre Kinder und ihre Frauen leben abgesondert von ihnen bei den Tieren und ziehen die Kinder sehr keusch und sittsam auf. Als Alexander von Makedonien, der große Kaiser, die entdeckte, da staunte er und sagte zu den Leuten: *Bittet mich, um was ihr wollt, das gebe ich euch.* Da sagten sie: *Gib uns Unsterblichkeit, die wünschen wir vor allen Dingen und wünschen keinen anderen Reichtum.* Da sagte Alexander: *Da ich sterblich bin, wie kann ich euch Unsterblichkeit geben?*
Da sagten sie: *Da du weißt, daß du sterblich bist, warum tust du dann soviel Übles und weichst in der Welt vom rechten Weg ab?*
Es gibt auch Leute jenseits des fließenden Gewässers Ganges, die *bragmanni* heißen. Die sind wunderbar schön durch Frömmigkeit, durch Schuldlosigkeit, durch ihr Verhalten und ihre Lebensweise geziert. Die haben klar von unserem Herrn Jesu Christo geschrieben, bevor er

Mensch wurde, und haben von der Mitewigkeit des Sohnes mit dem Vater geschrieben. Einer hieß nämlich Didimus, der war ihr Lehrer; den bat Alexander von Makedonien, daß er ihm etwas von ihrem Leben und von ihrem Glauben schreibe. Da schrieb er ihm ein Sendschreiben über das Leben und die heiligen Gebräuche dieser Leute und daß sie einen Gott verehrten und daß der Sohn Gottes mitewig sei mit dem Vater und sagte neben anderen Äußerungen folgendes: *Einer gebietet dem anderen nicht, wo Gleiche mit Gleichen leben; auch Haß hat da keinen Platz, wo kein Oberster ist; die Gleichheit der Armut macht alle Leute reich, und daher besitzen wir alles, was wir begehren.* Er sagte auch weiter: *Es ist eine Grausamkeit, daß wir unsere Brüder in unseren Dienst zwingen, die dieselbe Natur mit uns geboren hat und denen von dem einen Gott Vater zusammen mit uns ein Erbteil an allen gemeinschaftlichen guten Dingen versprochen ist.* Und sagte weiter: *Fasten ist uns eine Hilfe als Arznei, denn Fasten vertreibt nicht nur die vorhandenen Krankheiten, es schützt und bewahrt uns auch vor den zukünftigen Krankheiten.* Er sagte auch: *Gott ist das Wort, und das Wort hat die Welt geschaffen und durch das leben alle Dinge, und das Wort verehren wir und beten wir an. Gott ist der Geist und Sinn, und deshalb nimmt er nichts anderes als reinen Geist an.*

Es gibt auch eine Art von Leuten in dem Land Sizilien, wo der Berg Aetna brennt, die haben nur ein Auge unter einer sehr groben Stirn, breit wie

ein Schild oder wie eine Tartsche; die heißen *cyclopedes* (cyclopes). Die sind so groß, daß sie über die Bäume aufragen; die essen Blut. Man hat gesehen, daß einer von ihnen in seiner Höhle ausgestreckt lag und in einer Hand zwei Menschen hatte, die er so, wie sie waren, fraß.
Es gibt Leute, die *comani* heißen; die essen rohes Fleisch und trinken Pferdeblut.
Jacobus sagt, daß es Frauen in den Gegenden gegen Sonnenaufgang in der Nähe der Berge gebe, die Caspii heißen. Die Frauen heißen *amazones* und reiten bewaffnet und kämpfen und wohnen auf einer Insel, die von Wasser umgeben ist. Und die Frauen sind mehr als zweihunderttausend an der Zahl. Und sie leben ohne Männer; ihre Männer leben getrennt von ihnen auf einer Insel. Und wenn ihre Frauen im Kampf gesiegt haben und wieder mit ihrer Königin heimwärts ziehen, dann beten ihre eigenen Männer sie als ihre Göttinnen an. Die Frauen ziehen einmal im Jahr von ihrer Insel zu ihren Männern, um von ihnen schwanger gemacht zu werden. Wenn sie wieder heimkommen und von dem Kind entbunden werden und das Kind ist ein Junge, dann ziehen sie es sieben Jahre auf und schicken es dann zu den Vätern; die Mädchen aber behalten sie bei sich. Ebenso ist es bei einigen Vögeln, da sind auch die Weibchen stärker als die Männchen. Die vorgenannten Männinnen haben die Eigenschaft, daß sie um so stärker sind und besser kämpfen können, je weniger Beischlaf sie haben.

Es gibt Männer und Frauen, die gehen nackt und sind an dem Körper behaart wie die Tiere. Sie leben sowohl auf dem Land als auch im Wasser; und wenn sie fremde Leute sehen, dann tauchen sie in dem Wasser unter.
Es gibt auch Frauen in einigen Wäldern in dem Land Indien, die haben Bärte, die bis an ihre Brüste reichen, und sind auch an dem Körper behaart. Die ernähren sich nur von Tieren, die sie fangen, denn sie haben Leoparden bei sich, die ihnen das Wild fangen, so wie wir Hunde haben.
Es gibt auch sehr schöne Frauen, die leben zum Sonnenaufgang hin am Meer und essen rohes Fleisch und sehr guten Honig.
Es gibt auch einige Leute zum Sonnenaufgang hin, die sind von ebenmäßiger Körpergestalt, nicht zu groß noch zu klein; deren Augen leuchten wie das Licht in einer Lampe.
Es gibt da auch Menschen, die sind wild und sind sehr groß; die sind behaart wie Schweine und geben Laute wie Tiere von sich.
Es gab früher einmal Leute, die hatten Schwänze, wie man liest, und andere Leute, die hatten Hörner; und einige hat der Verfasser des lateinischen Buches gesehen, die bellten wie die Hunde.
Es gibt ein Land, wie Jacobus sagt, da werden die Kinder mit Kröten geboren, und welches Kind ohne Kröte geboren wird, dessen Mutter hält ihr Mann für eine Ehebrecherin, und der Mann trennt sich von ihr.

Es gibt in einigen Ländern und vor allem in dem äußersten Bereich des Burgunderlandes nahe bei dem Gebirge einige Frauen, die so große Kröpfe haben, daß sie sich bis zum Nabel ausdehnen; und der Kropf ist wie ein Krug oder ein Kürbis geformt.